僕とベンとゆかいな仲間たち

アマゾン森林破壊と温暖化を学ぶ旅

未来(みき) 恵(めぐみ)

文芸社

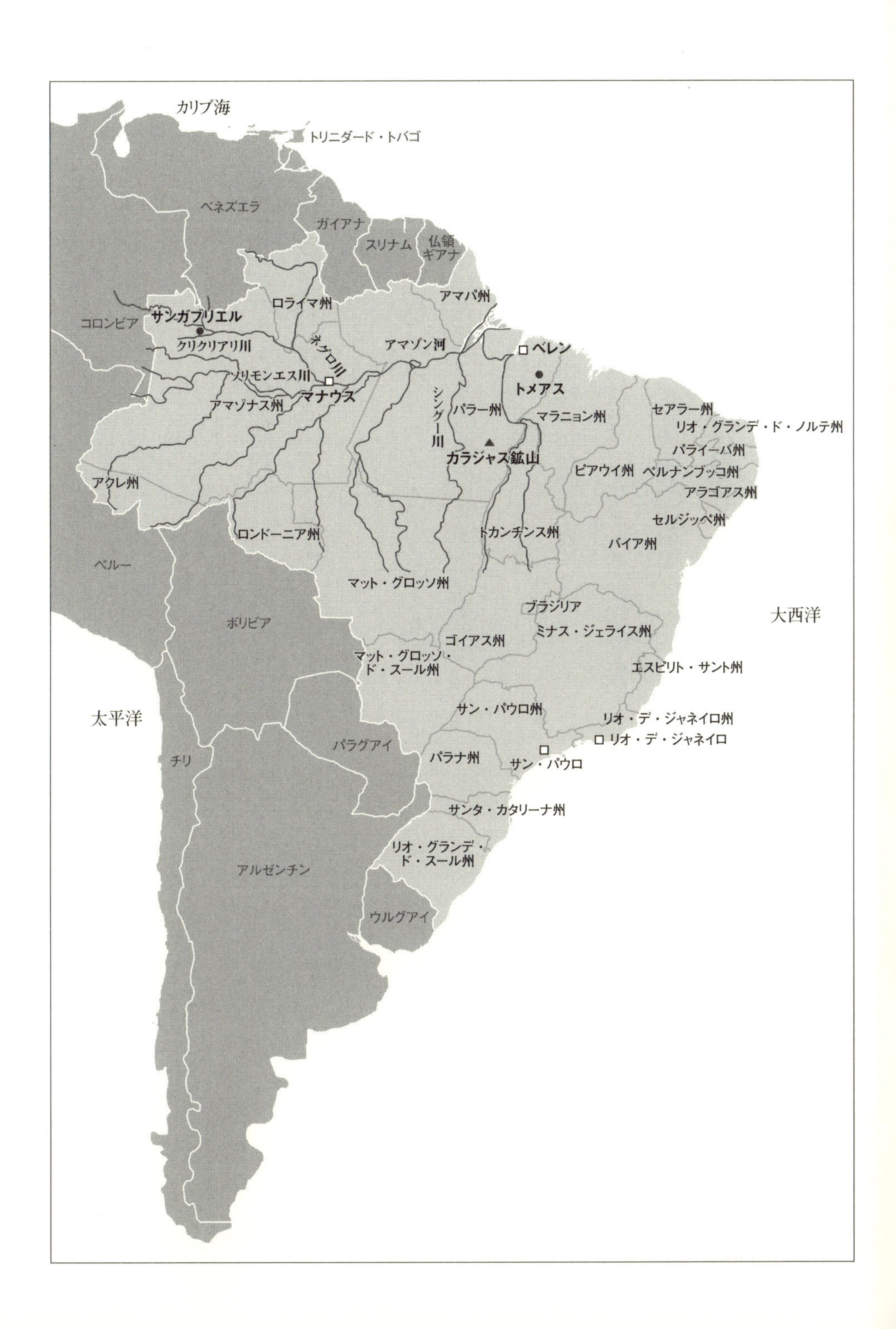
カリブ海
トリニダード・トバゴ
ベネズエラ
ガイアナ
スリナム
仏領
ギアナ
アマパ州
ロライマ州
サンガブリエル
コロンビア
クリクリアリ川
ネグロ川
アマゾン河
ベレン
トメアス
ソリモンエス川
マナウス
アマゾナス州
シングー川
パラー州
マラニョン州
セアラー州
リオ・グランデ・ド・ノルテ州
パライーバ州
カラジャス鉱山
ピアウイ州
ペルナンブッコ州
アラゴアス州
アクレ州
セルジッペ州
ロンドーニア州
トカンチンス州
バイア州
ペルー
マット・グロッソ州
ブラジリア
大西洋
ボリビア
ミナス・ジェライス州
ゴイアス州
マット・グロッソ・
ド・スール州
エスピリト・サント州
太平洋
サン・パウロ州
リオ・デ・ジャネイロ州
リオ・デ・ジャネイロ
パラグアイ
チリ
パラナ州
サン・パウロ
サンタ・カタリーナ州
リオ・グランデ・
ド・スール州
アルゼンチン
ウルグアイ

僕とベンとゆかいな仲間たち　アマゾン森林破壊と温暖化を学ぶ旅　もくじ

第一章　ベンとの出会い

「ウィル！　ウィル！　ウィル！」

僕はどこかで自分を呼ぶ声が聞こえたような気がして、目を覚ました。そして辺りをきょろきょろと見回してみた。部屋の中には、自分の学習机と、その上に置いた本もノートもあった。誕生日にパパとママからもらった、赤、青、黄色などの色とりどりのプラスチック製のブロックを組み合わせて作ったお気に入りの救急車も、ちゃんと本だなの上にあったし、何も変わっていなかった。

「なんだ、夢だったのか」

僕は思わずつぶやいた。その時だった。

「ウィル！　ウィル！」

今度は、確かに僕を呼ぶ声がした。僕は声がした窓の方を見た。カーテンのすきまから、とっても小さい、十センチぐらいの見たこともない明るい赤色の羽のスズメのような鳥がこちらを見ていた。

その鳥は、

「ウィル、私だよ。私が君を呼んだんだよ」

と言った。

僕は、急いで窓を開けて、その鳥を見た。そして、

「なんで僕の名前を知っているの？　君はだれ？　どこから来たの？」

と、たてつづけに聞いた。するとその鳥は、

「私は、ベニスズメの『ベン』というのさ。私の仲間は、世界中のあちこちにいるんだ。君が今まで住んでいた日本にもね。かなり昔から鳥かごで飼われていたんだ。なにしろ、私たちは、このように色がきれいなんでね。おまけに、鳴き声もかなり美しいとほめられるし。だからとても人気者なんだ」

と少し得意そうにポーズをとって言った。

「でもね、せまい鳥かごの中なんて、自由がないしね。友達もできないし、たいくつだったんだろうなあ。ただ食べるえさにだけは困らないっていうだけでね。そこで勇気のある一羽が、ある時、思い切って鳥かごから逃亡したらしいんだ。だから、今、日本

では、鳥かごから逃げた仲間も、野外で野生のベニスズメとして生活しているといううわさだよ。

私には、鳥かごの中のきゅうくつさなんて経験がないからわからないけれどね。だって、ここブラジルのアマゾンの近くでは、私たちの仲間は、みんな自由に空を飛んでいるからね。

本当はね、野生のベニスズメは、ここアマゾンみたいな熱帯(ねったい)にしか存在しないのさ。でも私たちの仲間も、人間と同じように環境(かんきょう)によって、自分たちの生活を変化させていったんだと思うよ。だから、日本でも、外の世界で生活していけるんだろうなあ。

ほら。私の羽の色、きれいだと思わないかい?」

「うん、すごくきれいだね」

と僕は答えた。だって本当にきれいなんだよ。頭もくちばしも、それに胸からお腹まで、明るい紅色(べにいろ)なんだ。背中から翼(つばさ)は、ちょっと暗い赤色だけどね。全体的に見える所が、ちょうどイチゴに似ているので、赤いストロベリーという別名もあるんだってさ。ベンがそう教えてくれた。おまけに、翼(つばさ)や胸、お腹の両脇には、白い点のようなのが並んでいるので、赤の中に白が目立ち、よけい美しく見えるんだ。

「君がベニスズメって言われるの、よくわかるよ」

と、僕は言った。すると、

「実は……」

とベニスズメが言いにくそうに言った。

「白状するとね、私のこの色は、一年中じゃないんだ。メスに見てもらいたいので、がんばって変色しているのさ。そういうことで、ここアマゾンにいる時は、六月から十二月ごろの繁殖期（はんしょくき）だけ、とびきりのおしゃれをするというわけさ。ただし、この美しさを保てるのは、オスだけの特権さ。若鳥とメスは、体の一部がちょっと紅色（べにいろ）だけなんだ」

「えっ、そうなの!? じゃ、冬に君、『ベン』にあっても、僕、ベンってわからないかもね」

すると、ベンは、

「だいじょうぶ。私たちはこれからずーっと仲の良い友達さ。だから、君は私がわからなくなることなどないさ」

と自信あり気に言った。僕は、ベンが言う、「これからずーっと」という意味がわか

らなかったけれど、まあいいや、後でわかるだろうと思って、今は聞かないことにした。だって、僕がベンに質問したことのうち、まだ一つだけしか答えてもらっていない。そう、〝ベン〟という名前のベニスズメだということしか聞いていない。残りの二つの答えも早く聞きたかった。

そんな僕の気持ちを感じたのか、ベンは、

「私はどこから来たのかって？　そう、アマゾンの森の奥から来たのさ」

と言った。

「アマゾン？」

僕はおどろいた。だって、僕が今住んでいる所、ここ〝マナウス〟は、世界中からアマゾン観光に訪れる人たちの玄関口だから。

マナウスは、二〇一四年にサッカーのワールドカップブラジル大会が行われた都市の一つなんだ。サッカーが好きな人が、いっぱいいるよ。僕ももちろん大好きさ。でも、そのころ僕は日本にいたんだ。だからテレビでサッカー中継(ちゅうけい)を見ていただけなんだけどね。

それから、すぐに、ここへ住むなんて思ってもいなかった。ここは、昔、天然ゴムの栽培と輸出で繁栄した街で、ブラジルに移住した日本人の一部の人たちも労働者として働いていたので、今もその子孫の人たちがかなり暮らしているらしいから、僕とも縁があるのかも。

マナウスは、ブラジルの北西部にあるアマゾナス州の中心都市なんだ。アマゾナス州というのは、アマゾンの大半を占めていて、〝アマゾン河〟を中心にその支流が多くあり、その河に沿って、都市や町ができているのさ。マナウスは大都会だけれど、街はずれの郊外には、アマゾン河のほとりに、ロッジもあるって聞いたことあるからね。だから、ジャングルがすぐ側にある街なんだ。

そんなわけだから、もちろんアマゾンがどこにあるかは知っていたさ。インターネットでよく見る、通信販売の会社とは全く違う、別のアマゾンがあることもね。

そこで僕は、ベンに、

「アマゾンなら、僕、知っているよ。アマゾンはね、南アメリカのアマゾン河の流れに沿って、大きく広がっているアマゾン熱帯雨林のことを言うんだ。でも省略して、〝アマゾン〟と呼ばれていることも多いのさ。

アマゾンの総面積は、約七百万平方キロメートルで、アマゾン河の流域に沿って、

ブラジルを中心に何カ国にもまたがっているんだ。七百万平方キロメートル、なんて言われたって、全然想像できないよ。だから、僕、前にパパに聞いてみたんだ。『どれぐらい大きいの?』ってね。そしたらパパが、『日本の国の約十九倍の広さだよ』って、教えてくれた。すごーい。僕、びっくりしちゃった。

もちろん世界最大面積の熱帯雨林さ。そしてアマゾンだけで、地球上の熱帯雨林の半分も占めているんだって。

熱帯雨林のこと、もっと知っているんだ。熱帯雨林っていうのは、熱帯地方にあって、一年を通して暖かくて、年間二千ミリ以上の雨が降っている所をさすんだ。地球上には、他にも、東南アジアや、アフリカ、オーストラリアにもあるみたい。そして、これらの熱帯雨林には、たくさんの種類の動物や植物が生息しているんだよね」

僕は少し得意になって、ベンに話していた。でも、本当は、ほとんどがつい最近、パパに聞いたばかりの話だから覚えていただけなんだ。

「僕たちは、ワールドカップが終わってからすぐ、日本から見ると地球の反対の国、ここブラジルのマナウスに、パパとママの三人でやってきたのさ。ここに住んで、一年もたっていないんだ。パパがいそがしいから、まだアマゾン観光にもつれていってもらったことないし、アマゾンのことも、熱帯雨林の森のことも、あんまりわからないんだ。

でも、パパは違うよ。若い時に、青年海外協力隊とかいうので、ここブラジルにも少しだけ住んだことあるんだって。

だから、そのころとくらべて、アマゾンの森林破壊が、ものすごいスピードで進んでいって、どんどん森林が消えていってしまっているって、ショックを受けているようなんだ。ママによく話しているみたい。僕にも、少しずつ教えてくれてはいるんだけれども、実際の所、なかなか理解できないんだ」

とここまで話をしながら、なぜ、ベンがここに来たのか、早く聞きたいなあ、と思っていた。するとベンは、

「そろそろ、ウィルが本当に知りたいことを話そうね」

と言ってにっこり笑った。

僕はいつしか身を乗り出して、一言も聞きもらすまいとベンの口元を見ていた。そして、なんで僕は鳥のベンと話ができるんだろうって不思議に思いながら、ベンが話す次の言葉を待っていた。ベンは、優しい顔で話し始めた。

「もう君は、私の来た目的を知っているよ」

「えっ？　僕が……ベンの来た目的がわかるって？　本当に？」

「そうだよ。ちょっと考えてごらん。ヒントをあげるよ。君のパパは、君に、アマゾンが今、大変な状態だと教えてくれたんだよね。それからパパは、ママによく、アマゾンの森林破壊がどんどん進んでしまってショックで悲しんでいると、お話をしているんだよね。そして私は、アマゾンの森の奥から来たんだって言ったよね。どうかな。このヒントをつなげてごらん。そう、これからは、しっかりと冷静に、物事を見て、考え、行動し、判断することが君には必要になるのでね」

　そう言われ、僕はちょっとうろたえてしまった。

「アマゾンの森、森林破壊、大変な状態……、うーん……？　ああ、そうか。僕に、アマゾンや熱帯雨林のジャングルのことをよく見て、いろんなことを学び、知りなさい、ということ？」

　独り言をつぶやきながら、なおも考えていた。そして、やっぱりそうだと思ったので、ベンに自分が考えたことを伝えた。

　ベンは、にこにこして、

「そうだよ。その通りだよ。君たち、次の世代をつないでいく子供たちに、アマゾンのことをもっとよく知ってもらいたいんだよ。なーんて、えらそうに言ってるけど、実はこれは私の願いというより、森の精・バードル様の願いなんだ」

「ごめんなさい。もう一度言ってくれる？　バー……なんて言ったの？」

「アマゾンの森にずーっと昔からいらっしゃるバードル様だよ。アマゾンの森の中で、一番歳をとっているが、森の中のことならすみからすみまでなんでも知っているえらいお方だよ。でもえらいだけでなく、とっても優しいお方さ。

　普段は、みんなは、バードル様でなく森の精と呼んで尊敬しているんだよ。

　実は、私は、数年前、仲間と群れを作って空を飛んでいた時に、あやまって、木の枝に体をひっかけ、アマゾンの森の中の高い木の枝の上に落ちてしまったんだ。幸い、その木にはトゲもなく、落ちた所が高い木の枝だったので、危険な動物にねらわれることもなく、フカフカの葉のベッドの上で十分に傷を治すことができたのさ。おまけに、植物の実もすぐ側に見つけることができ、飢え死にすることもなかったんだ。

　私は、運のいい所に落ちた、ラッキーだったのだと思った。だがそれは、森の精が、落ちた木や付近にいた鳥たちに、私を守ってほしいと頼んでくれていたからだったと、後で知ったのさ。だから、森の精は、私の命の恩人なんだよ。おかげで、群れの仲間の

元に帰ることができたってわけ。

それで、機会があれば、何か恩返しをしたいといつも思っていたんだ。そんな時、森の精が、森林の将来をとても心配しているって、鳥伝えに聞いたのさ。そこで、ついに恩返しをする時がきたと思い、森の精の所へ飛んで行ったのさ。そして、私に何かお手伝いをさせてほしい、と頼んだんだ。そしたら森の精は、アマゾンの森の現状を知り、将来森のために何かをしてくれる男の子がほしい、と言ったんだ。こうして、好奇心があって、勇気のある、意志の強い、聡明(そうめい)な男の子の選択が始まった。そして、森の精が選んだのが、君だったんだよ。

さあ、これで君の質問に全部答えたよ。次は君の番だ。

私といっしょにアマゾンの冒険(ぼうけん)の旅に出てみるかい？　きっとワクワクするようなことがいっぱい待っていると思うよ。でも、決めるのは、森の精でも、私でもないよ。君自身さ。だって興味(きょうみ)がなければ、私との旅は、とてもつまらない退屈なものになるだけだからね」

僕は勇気を出して聞いてみた。

「ベン、もう一つだけ聞いてもいい？」

「いいとも、何かな？」

「僕は、日本人で、人間なんだけれど、どうしてベンは僕とお話ができるの？」

「ハッハッハッ、そのことか。それはね、森の精が、森のためにお手伝いする私に魔法をかけてくれたんだよ。だから、君だけでないよ。どんな動物とも、植物とも、お話ができるのさ。もっとびっくりさせちゃうけれど、私は小さい鳥だけど、私の背中に乗れば、君は大空を自由に飛べるのさ。世界中、どこへでも、正しいことに使うなら、いつでも魔法は使えるってわけ。魔法を使えるなんて、ワクワクすることだからね。私にとっても、うれしい、そして楽しみな旅なんだ」

「わあ、すごい！　世界中の人や、動物や植物と話せるなんて、うらやましいなあ。楽しいだろうなあ。きっと、すばらしい旅になるね。決めた。ベンといっしょに行くよ。つれて行ってください」

「そうかい、そうかい。今は七月。そうと決まったら急いで仕度をして、昼間の暑い太陽が昇る前に、すぐに旅立つことにしよう」

　僕は、大急ぎで、準備を始めた。ベンは、「さあ、早く、早く」と、相変わらず急いで同じことを言った。

パジャマを着替え、いつも愛用しているリュックに、急な雨に備えて、防水のしっかりした頭からかぶるマント、森の中で寒い時に着る洋服と、着替えの服を数点選び、チョコレートと、クッキー、アメも少しだけ入れた。それから机の上の貯金箱から、ためておいたお金を取り出した。かなりたまっていたので、これならもし迷子になっても安心と思いながら、リュックにつめた。そして、ベッドの上に、「〝パパとママへ〟ベン（ベニスズメ）といっしょに、アマゾンの冒険の旅に行ってきます。心配しないで待っていてください。楽しいお土産話を持って帰ります」と置き手紙をするのも忘れなかった。

パパとママは、ベン？　ベニスズメ？って、仲良しの友達のあだ名かと思っているかもと、一人でクスリと笑ってしまった。

さあ、出発だ。僕はおそるおそるベンの羽につかまった。すると、びっくり！　ベンの魔法で、僕の体がみるみる小さくなっていった。このまま小人になっちゃうの？　僕は不安な気持ちでいっぱいになった。

そんな僕の様子を見て、ベンは、

「小さくなるのは私の体に乗っている時だけだから、心配しなくてもだいじょうぶだよ」

　と言い、にこにこしながら続けた。

「見てのとおり、私は小さい鳥なのでね。そのままでは君を乗せられないんだ。だから、バードル様が魔法を使えるようにしてくれたのさ」

「なんだ、そうなのか。安心したよ」

　僕たちは、アマゾンの森をめざし飛び立った。まだ外は薄暗く、太陽が昇るにはかなり時間がありそうだ。なのに、ベンは、「急がなくちゃ、急がなくちゃ」と言って飛んでいた。僕は、ベンの背中に乗りながら聞いてみた。

「ベン、太陽が昇るまでには、まだ十分時間があるよ。なんでそんなに急いでいるの？」

「朝になると、森中の動物や植物が目を覚ますからね。そしたら、森の中に来た君にびっくりして、いっせいに君に質問するよ。みんな自分が一番に聞きたいと思っているからね。君はどこから来たの？　何をしに来たの？　しまいには、君の得意な技はなんなの？ってさ。なにしろ、森の住人たちは、みんなそれぞれ得意の技を持って生きているからね。そして、いつも自分が一番と思っているんだ。だれも君に危害を加えることはないけれどね。とにかく、興味がいっぱいだからね。それに妖精たちには注意しなければダメだよ。なにしろ、とってもいたずら好きだからね。

悪気はないんだけれど、いたずらしたくて、ウズウズしているからね。君を見たら、きっと何かすると思うよ」

僕は、楽しそうな森の住人たちを見てみたいと思い、ベンに言った。

「楽しそう。僕も会いたい」

「とっても楽しい仲間だよ。でも、今は、私たちは、与えられた務めを先にしなくちゃ。遊ぶのは後でね。それに、森の精も待っていてくださるからね。道草くっているわけにはいかないんだ。彼らには悪いけれど、先を急がなくちゃね」

とベンは笑った。僕もつられて笑った。

第二章　アマゾン河とその恵み

僕たちは、夜明けの空がほんのりと明るくなりつつある大空を、飛んでいる。

眼下には、アマゾン河がゆったりと流れていた。とっても気持ちがいい。やっと落ちついたベンが話し出してくれた。

「アマゾン河はね、南米のブラジルとその周辺の国々の熱帯雨林を流れ、大西洋へと流れていく、世界最大の河川の一つなんだ。そしてまた、いくつにも枝分かれした支流と呼ばれる川が、千百を超える数もあって、その中でも有名な巨大な支流が二十もあるのさ。それらをまとめて、広い意味で、アマゾン河と言っているんだ。それにアマゾン河の流れに沿った地域、流域というんだけれどね、その面積がとっても広くて、二位以下のコンゴ河やナイル河と比較しても、二倍近く面積が大きいんだ。だから、ジャングルや大きな湿原などの自然のダムや、地下に含まれている水の量が世界の全河川の三分の二にもあたるとも言われている巨大な水量を持っているんだ。この水は、人々をうる

おすだけでなく、熱帯雨林に生息している動物や植物、水中にいる生き物にとっても大きな恵みの水となっていて、ここでは、多くの種類の異なった生物が生きられる所となっていったんだ。

でも、こんなに大きなアマゾン河にも、地球温暖化による異常気象が、ひたひたとしのび寄っているらしいんだ。数年前、二〇二一年に、アマゾン河の大きな支流の一つ、ネグロ川の上流域で、雨季に三十メートル近く水位が上がってしまい、百年以上前からの観測史上、過去最高の数値となったのさ。原因は、その前に上流域で降り続いた豪雨のせいでは、と見られているんだけどね。

その一方、同じブラジルの北東部の高地では、過去五十年間で最悪と言われるほどの干ばつに見舞われたんだ。

これらは、温暖化による異常気象が原因と見られると報道されていたよ。もっとも、温暖化による気候変動は、アマゾンだけじゃなく、世界各地でおこっているしね。

たとえば、アメリカの各地では、気温が高くなり、乾燥が進んで、森林火災が年中、おきるようになってしまっているんだ。山火事が、付近にある民家に燃え移ったら大変と、必死に消火にあたっていた消防士の方たちが、何人も命を失っているんだ。

一方、バングラデシュという国は、温暖化による気候変動の影響をもっとも受けやすく、昔からサイクロンの通り道だったが、この七年で大きなサイクロンが四つも来て、百万人以上の人が家を失ってしまったそうだ。

乾燥。もう一方は大雨。

森林の樹木は、私たちを乾燥から防いでくれるけれど、木がなくなると、乾燥、森林火災、そしてまた乾燥化へと、悪循環に陥ってしまうんだ。

アマゾン河はね、乾季と十二月〜五月ごろまでの雨季によって、水位が全然違うんだよ。その差は、ところによっては、二十メートル以上もあるんだ。

雨季には、水位が上昇して森の木も水中に水没してしまう所もいっぱいあるんだ。今は乾季だから、水は引いているけどね。

また、アマゾン河はあまりにも大きな河なので、河の本流には、ダムが一つも作られていないのさ。だから、世界一汚染の少ない河とも言われているよ。

もっとも、橋も一つもないから、他の都市へ移動するには、主に船か航空機を使わなければダメだけどね。

ところで、私たちが出発したマナウスで、アマゾン河を見たかい?」

「うん、見たよ。マナウスでは、ペルーから流れてきたアマゾン河が、ブラジルに入って〝ソリモンエス川〟って名前になるんだよね。この川は、実際は薄い黄色の水なんだけど、白い川と呼ばれているんだ。そしてもう一つ、黒い川と呼ばれている〝ネグロ川〟の二つが合流して、大河・アマゾン河となって流れているんだよね。

二つの川は、合流してもすぐには交わらないで、白と黒の水がいっしょに十数キロも、水と油のように境界を作って流れているんだって。僕はマナウスに住んでいるから、これはアマゾン観光で見逃せない自然美なんて言われて有名だからね。前から知っていたんだ。

でも、なんで二つの色が混ざらないんだろう？　わかったら教えて、ベン」

と僕は言った。するとベンは、

「了解さ。私もこれには興味があったから、よく調べたよ。まかしといて」

と言って、うれしそうに話し始めてくれた。

「まず、二つの川、それぞれに見ていこうか。ソリモンエス川は、雨の多いペルーのアンデス山脈の東部が、水の流れ出るもと、水源となっているんだ。その辺りは、森林におおわれている部分と、岩石の部分がある。非常にけわしい谷などがある所では、風化と言って、空気、地下水、生物などの影響で、岩石がしだいにくずれ、つぶれて分解する働きがたびたびおこり、川に落ち、川の中で流れ、くだけて、非常に細かい砂や土となっているんだ。それが、水の色を白くしてしまい、白い川となって流れ出すってわけさ」

「ふうん、だから白い川なんだ」

「もう一つの川、ネグロ川はというと、ベネズエラの国境付近を水源としているんだけれど、こちらも雨がとても多い場所で、森林は半年間水の中に沈んでしまうイガッポ林と呼ばれる浸水林で、枯れた植物がいっぱい水に沈んでいるのさ。植物は、そのまま長い時間、特に葉はいっぱい重なって水につかってしまっているんだ。それで、ほとんどの植物は体の中に持っているタンニンという渋が水の中に溶け出してしまうらしいんだ。

渋ってわかるかい？　渋柿って知っているよね。渋くて食べられない柿なので、干し柿にして食べるっていう、あの渋が、タンニンというものなんだ。

タンニンはね、植物の木の皮や葉っぱ、実、種子などの中にあるもので、植物を保護する役目を持っているのではないかと考えられているんだけれどね。

これがちょうど、水を薄(うす)いコーヒーのような黒い色としてしまっているというわけさ」

「へえー、渋柿(しぶがき)が持っているモノがアマゾンの河の色の原因なんて、びっくり。これでソリモンエス川とネグロ川の色がどうして違うのか、っていうのはわかったけれど、僕が知りたかった、どうして白と黒の水が交わらないでずーっと続くのかが、まだわからないよ、ベン」

僕はちょっと口をとがらせて、ベンに言ったんだ。

そしたらベンは、「あわてないで、これからゆっくり話すよ」って言いながら、また、話し出した。

「白い川、ソリモンエス川はね、岩石がくずれ、川の中で小さな砂や土となっていたんだったね。

実は、モノに重い・軽いがあるように、水にも重いとか軽いとかがあるんだよ。

じゃ、この岩石が溶(と)け出たことで、水は重くなっているの？　それとも軽くなっているの?って考えた時に、その答えを出してくれるのが『比重(ひじゅう)』というものなんだ。ソリモンエス川は、岩石という重いモノが混(ま)じっているので、比重(ひじゅう)が重いのさ。この岩石のおかげもあって栄養を豊富に持っていて、水道の水のような中性から、少しアルカリ性なので、生き物にも作物にも、ちょうど良い豊かな水となっているんだよ。だから、ここでは、魚類も多く住んでいるのさ。

そしてこの川は、アンデスの雪解け水が流れついたので、水温が低い。

では、もう一つの川、ネグロ川は、どうかな、見ていこう。まず、比重は軽いんだ。なぜかって言うと、岩石のような重いモノがほとんどないからね。

酸性かアルカリ性かはどうだろうか。この川の水は弱酸性で、生き物にとっては住みにくい水なので、食物に飢える川、〝飢餓〟の川と呼ばれているよ。

では、水温はどうかな？　ネグロ川は、日光を吸収しやすい色なので、水温は高い。また、上空よりも水温が高いので、〝しんきろう〟という現象が見えるんだ。それはね、空中や、地上にないはずの島などが、水面に浮いているように見えるんだ。

これで二つの川が色、比重、生き物にとって豊かな水か飢えの水か、そして水温も違うのがわかったかい？　もっとも、水温は、季節によっても違うみたいだがね。かなり違うようだよ。そしてもう一つ大事なことは、川の水の流れる速度、流速さ。

ソリモンエス川は、ネグロ川より倍以上流速が速いんだ。ネグロ川は、一年を通し

てとてもゆっくりと流れているんだ。

二つの川の合流地点、マナウス付近で、水の中に潜(もぐ)った人の話では、ソリモンエス川は、にごっていて水の中はほとんど何も見えなかったそうだけれど、ネグロ川の方は、すきとおっていて、ほとんどまじりけのない水で、鮮(あざ)やかな黄金色をしていたそうだよ。

そういえば、ネグロ川の水の流れるもとの地は、黄金の国とか、宝の山とかいう意味のエルドラードの滝と言われていて、山の上にある滝の水は、本当に金色に輝(かがや)いているそうだよ。

どうかな、ウィル。黒い川のもとの水がエルドラードなんて、ステキだと思わないかい？　ソリモンエス川とネグロ川の二つの川が数十キロも交わることなく、お互いの色の水を主張し合って流れているわけは、どうやらこの二つの川が持っている、それぞれの性質からきているようだね。わかってもらえたかな？」

「うん、とてもよくわかったよ。でも、やっぱり不思議だよね。自然ってすごいねえ。目の前のアマゾン河が、今まで僕が知っていたアマゾン河とは、全く違って見えるなあ」

「そうだね。広くて大きいアマゾン河と、そこに生きる生き物、そして広大なアマゾン河の流れに沿って広がるアマゾンの森、ジャングルなど、まだまだウィルに見せたいもの、いっぱいあるからね。

アマゾンには、たくさんの不思議があるよ。私が最初にウィルに言ったことを覚えているかい？」

「うん、覚えているよ。アマゾンのことをしっかりと見て、考え、行動し、学んでほしいと言われたよ。そして僕は、パパが心配していたアマゾンの森が、今、どうなっているのか知りたいので、ちゃんと、しっかりと目をあけて、よく見てくるつもりさ」

「そうだね、安心したよ。しっかり覚えてくれていて。今、私たちは、空からアマゾン河を見ながら、アマゾンのほんのまだ玄関口に入ったばかりさ」

第三章　アマゾン

(一) 魅力あふれるアマゾンと観光

「ウィル、君は、日本人なのに、何で変わった名前なの？　何か意味があるの？」

「うん、僕の名前は、日本語で書くと、〝宇宙〟の【宇】、人や動物が今まさにそこに存在する〝居る〟の【居】、そして【瑠】は、宝石の一つ、瑠璃の青い色を表すんだ。それで、〝宇居瑠〟と書くんだよ。

意味はね、この広い宇宙の中で、そこがたとえ真っ暗なやみの世界でも、青い光を放ち輝く宝石の瑠璃のように、どのような時でも自分を失わず、自分らしく、自分自身を輝かせる努力のできる人になってほしいと願って、パパとママは〝宇居瑠〟とつけたんだって。

それからね、これからは日本人としてだけでなく、できるだけ世界の多くの人、人間だけじゃないよ、この広い世界に生きるたくさんの動植物の生命のことも考え、思いやりを持って、ふれあっていける優しい人になってほしいんだって。だから、だれからも簡単に覚えてもらえる〝ウィル〟とつけたんだって。

実際、パパのお仕事は、世界のいろいろな所に行くし、世界中にお友達もたくさんいるよ。パパは国際人さ。パパは僕の誇(ほこ)りだよ。僕もパパのようになりたいんだ。

そしてもう一つ、〝ウィル〟は、英語で書くと〝W(ダブリュー)I(アイ)L(エル)L(エル)〟で、意志とか、決意、望みなどの意味もあるんだって。だから僕が、強い意志や、決意を持って前へ進むようにという願いも込めたんだって」

「へえー。〝ウィル〟って名前には、たくさんの意味があるんだね。ウィル、じゃ、がんばらなくちゃねえ」

と感心したようにうなずいて、ベンは僕に言った。僕も内心、がんばらなくっちゃ、と自分に言い聞かせていた。期待はちょっと重いけど、僕は僕さって。

「さあ、そろそろアマゾンの森に着くよ」

とベンが言った。

眼下のアマゾン河では、アマゾン河の流れに沿って暮らしている人たちにとって生活の足となっている、アマゾン名物のハンモック船が、ゆったりと走っているのが見えた。

かなり大きな船だなあ、と僕が見とれていると、ベンがすさかず、

「船を借り切った観光ツアーのお客さんたちが、アマゾン河をゆっくりと楽しもうとしているのさ。今は、アマゾン観光の一番いい時季なので、船内にシャワーやバー等もある豪華なハンモック船が、七月から十月までのこの時期だけ、観光ツアーのお客さんたちを乗せて、運行しているんだ。

観光客は、この船で、何泊かかけて、アマゾン河の流れや風を肌に感じ、途中、川沿いの村のいくつかにも下船しながら、アマゾン河を下る船旅を楽しむのさ」

ハンモック船には、船の甲板の上に天井から吊り下げられた色とりどりのハンモックが並んでいて、揺れるハンモックにお客さんたちがノンビリと寝ころがりながら、楽しそうに話をしている様子が見えた。

「すごく気持ちよさそうだね」

「うん、アマゾン観光にはね、船で回るほかにもね、アマゾン河のほとりに建つジャン

グルの中のロッジに泊まって、大自然を十分に楽しもうというのもあるんだ。そこでは、ボートに乗れば、ピラニア釣りもできるよ。ピラニアって知っているかい？」

「聞いたことはあるけど、よく知らない」

「ピラニアは、アマゾンなど南アメリカの川だけに住んでいる肉食の魚だよ。ここアマゾンには、お腹がオレンジ色をした、ちょっと太り気味の、レッドピラニアと呼ばれるピラニアが多いそうだ。主に、アマゾンの支流の水深二メートル前後の浅い水中にいて、あんまり深い所にはいないようだよ。

　ピラニアは、もともと恐ろしい魚として有名だったけれど、百年ぐらい前に出た米国の大統領の旅行記の中で最も恐ろしい魚として

紹介されてから、広く人々に知られるようになっていき、いちやくスター街道を登りつめたらしいよ。ピラニアの中には、特に恐ろしいと言われている、金、銀、赤などの美しい色を持ったピラニアもいるらしいが、このピラニアは、川の中に入ってきた大きな動物でも、大群でおそって肉を食べつくしてしまうと言われているんだ。でも、今では熱帯魚として、日本でも水族館で飼育されているみたいだね。

アマゾンでは、このピラニア釣りが人気なのさ。ピラニア料理の一つ、唐揚げは、カリカリに揚げて食べると、骨だらけだけれどあっさりしていて、ビールのつまみには最高なんだって。もっとも、ピラニアは、タンパク質がいっぱいあるようだし、白身であっさりしていて、おいしいらしいよ。

日本でも、最近、水族館内のレストランが、期間限定で、ピラニアを一匹、丸ごと油で揚げてその上にあんをかけた〝ピラニアの甘酢あんかけ〟なんていう料理を出して、人気だったと聞いたことがあるよ。食べさせてくれるレストランもあるにはあるが、まだまだ日本ではなかなか食べられない魚のようだね。

アマゾンでも、ピラニアは、市場ではほとんど売っていないようだから、ピラニア釣りが人気なんだろうね。とはいえ、ピラニアは、刃物のような歯が上下のアゴに並んでいる肉食魚だから、もし大きいピラニアにかまれたら、指まで持って行かれてしまうという恐ろしい魚なんだ。だから、釣りも気をつけないとね。

でも、ピラニアにとっては、それをおいしいと食べてしまう人間が、もっとも怖い存在だろうけれどね。

ピラニア釣りのエサには、魚や鶏肉も使われるようだが、一番よく釣れるのは、ぜいたくにも、牛肉の赤身だそうだ。やっぱり凶悪な肉食魚なんだね。ピラニアは群れを作って行動する魚らしいので、一匹釣れると次々に釣れるとかで、これが釣り好きの人にはたまらないのだろうね。

もっともアマゾンには、約二千種類もの魚が生息しているっていうから、他にもいろいろな魚が釣れるだろうし、釣りマニアには魅力いっぱいな場所さ。

その他、熱帯雨林ハイキングというコースで、夜のワニ観察なんていうのもあって、アマゾンのジャングルの魅力をたっぷり味わえるようだよ。

食事は、船の中でもロッジでも、新鮮な川の幸が食べられるよ。なかでも、アマゾン名物のカニ料理、カランゲージョが人気さ」

「ベンは本当にいろんなことよく知っているんだねえ」

と僕が感心して言ったら、

「いやあ、私も、君に説明して理解してもらわなければいけないし、必死に勉強したのさ。それに、アマゾンの森林のことだけでなく、他のことも知っておく必要があるからね。君にえらそうに言っているけど、実は、あまり勉強は得意な方ではないからね」

ワッハッハッ、とベンは豪快（ごうかい）に笑った。そんな正直なベンを見て、僕はベンに、より親しみを感じていた。

「広大なアマゾンは、本当に多種類のさまざまな生き物が育ち、生きている所なんだ。後で、私の変わった友達も紹介するね。アマゾン河の中にも、水辺にも、そして森にも、いろんな動物や鳥たちがいて、鮮（あざ）やかな色の熱帯（ねったい）のランや、珍しい植物の数々なども生えている。アマゾンは、野生の王国さ。自然を愛する観光客にとっても、植物の研究者たちにとっても、役に立つ植物類が数多くあって、魅力的（みりょくてき）な場所らしいよ。そして、私たち地球に生きるすべての人間にとっても、より良い地球の環境（かんきょう）を維持（いじ）しつづけるためにも、貴重な所なんだよ。

だから、アマゾンのはたす役割と現状の姿を、そこに生きる動物や植物とともに、これからじっくり見ていこうね。そして今、ここでどういうことがおきているのか、私もウィルといっしょに学び、考えていきたいと思っているよ」

と、ベンはまじめな顔で言った。

「さあ、まずはここ、マナウスからジャングルに入っていこう。森の精、バードル様は、アマゾンの奥深い所にいらっしゃるからね、いろいろなことを教えていただこう。私も、もっとアマゾンの森のこと知りたいしね。ウィルはどうかな」

「もちろん、僕もいろいろ教えていただきたいよ。お会いするのが楽しみだなあ」

僕はうれしくなって、思わずニコニコ顔になっていた。

ちょうどその時、眼下（がんか）を、ジャングルロッジからのお客さんを乗せた船が、僕たちと同じようにジャングルへ入って行くのが見えた。

せっかくだし、僕も、このお客さんたちといっしょにジャングルの散歩をしてみたかったので、ベンに頼んで、船の後を低く飛んでもらった。

ジャングルでは、鳥や獣（けもの）の鳴き声が、あちこちから聞こえてくる。船は、ゆっくりとジャングルの奥へ、すべるように静かに入っていく。

行く手に、あまり見たことのない果実が見えてきた。ベンに聞くと、それはスターフルーツだという。果実は、少し黄色で変わった形をしている。輪切りにすると星の形を

しているから、この名前がつけられているらしい。生で、果物として、サラダにも、添えられるものらしい。星形がかわいいサラダになるだろうなあ。

ジャングルの中の木には、いろいろな種類のサルが登っているのが見えてきた。

支流の途中にきた時には、何か川の中で作業をしている数人の男の人たちの姿が見えてきた。川の泥から砂金を取っているらしい。ベンの話では、砂金集めは、この地域の人たちにとって大事な仕事なのだとか。泥をくみあげて、青いビニールシートにのせふるいにかけるという単純な方法だ。

でも、熟練の人でも、一日がかりで得られる金の量は、わずかだとか。一攫千金のように、ちょっとした仕事で、一度に大きな利益をつかみ取ることは、ないようだ。僕は、もくもくと長時間、作業をしているその人たちが気の毒に思えてきた。

こうして、僕とベンは、アマゾン、ジャングルの冒険の第一歩を踏み出したんだ。

（二）アマゾンの森林破壊と温暖化

僕たちは、アマゾンの熱帯雨林の森の上空を飛んでいた。うっそうとした熱帯の原生林、ジャングル。手つかずの緑のジャングルが、どこまでも、どこまでも、はてしなく続く。僕たちは、もう一時間以上もアマゾンの森を飛んでいる。が、依然として、眼下のジャングルの景色は続いていた。さすが、日本の国土の十九倍近いというその広さに、僕はただ圧倒されながら見ていた。

本当に森林破壊？って感じるぐらいジャングルは広いんだ。でもベンは、僕に教えてくれたんだ。アマゾンの森林破壊は実はものすごいスピードで進んでいることをね。

それというのも、大規模な森林破壊は、四十年以上前から始まっていると言われてる。当時のアマゾンは、まだ未開発の所が多かったらしいよ。そこで、ブラジル政府が、内陸部開発のための道路を作り、森の木を切り倒し、人々が住めるように開発を推し進めたそうだよ。ベンはこうも言っていたよ。

「これまでのアマゾン森林破壊の最大の原因は、道路の建設だけでなく、牛を飼育する牧場を作るための開発だったと言われているのさ。その方法とは、アマゾンの森を切り開いて、土地を焼き、牛を放牧するのだけれど、年を追うごとに土地が少しずつやせてきて、牛の生産性が悪くなるので、すぐにまた新たに最初と同じように森を切り開いていくんだ。こうして、牧場主は、牛の数や牧場を拡大していったのさ。この繰り返しに

より、アマゾンの森がどんどん減っていったそうだよ。もともと熱帯林の土は浅く、数年で牧草の生育が悪くなったり、作物がとれなくなったりするので、そのたびに土地は投げ捨てられ、どんどん森の木が切られていってしまったんだ。また、木材や紙生産のためにも、多くの木が切り倒されているんだ。

最近では、牧草地を再利用したり森林の伐採を行ったりするときに、政府が決めた森林管理に従うこと、となっているみたい。でも、実際にはあまりうまく行ってないようなんだ。

その他にも、アメリカの企業が資金を出して作っている、持続可能な森林を管理するための財団があって、その援助を受けて適正な森林管理をすすめて森を再生しながら木材を切っているブラジルの会社も、少しだけれどあるんだよ。この方法で、以前は牧場だった所が、二、三年で森に戻った例もあるそうだし、このように管理されている森林では、アマゾンの森にいる動物たち、ナマケモノやサルなども住みつくようにもなってきたそうだ」

「うわあ、その方法でみんなが森を管理していけば、森も早く再生するよね」

「ところが、このアメリカの財団の援助を受けて森林管理を行うためには、会社の方も、より高い環境や社会を築くための心構えや技術が要求されるからね。すばらしい計画なんだけれどね、まだまだ取り組んでいる会社は、多くはないんだ。持続可能な森林のための管理には、木を切って売る会社だけでなく、その方法をしっかりと認め協力してくれる政府や、買う人たちの協力が必要だと言われているよ。アマゾンの人たちだけに求めるのではなく、世界の人たちも力を貸してくれなければ難しいんだ。

その他にも、同じように熱帯雨林を持つマレーシアやインドネシアで今、深刻な問題になっているのは、パームオイルを採るための、アブラヤシの大規模農園、プランテーションだ。これらの国ほどではないが、ここアマゾンでも、いろいろな所で植えられているんだ。

パームオイルは、世界でもっとも大量に生産されている植物から採った油だよ。自然のものでできているので、身体に優しいといわれ、食用油として広く使われているよ。マーガリン、ショートニング、ウィルが好きなアイスクリーム、ケーキ、インスタント食品、さまざまなスナック菓子。食べものだけでなく、石けん、化粧品、インクの原料など、いろんな所で使われていて、最近では、バイオディーゼル燃料としての利用も進

められているそうだよ。

日本でも、パームオイルはいろんなものに入っているのさ。しかし、日本では、単に植物油としての表示で良いことになっているので、わかりにくいがね。

このように、パームオイルは今や私たちの生活に欠くことのできないものとなっているんだ。とはいえ、熱帯雨林の木を切りとり、森を切り開いてアブラヤシの木を植えていくので、必要以上のプランテーションの開発は、熱帯雨林が消えてなくなってしまうことにつながるんだ。

アブラヤシの木は、高さが二十メートル近くになるので、一見、大きな緑の木々が育っているように見えるんだけれどね。熱帯雨林のように、そこにさまざまな変化に富んだ生き物たちが生活をする場所にはならないんだよ。森林をどんどんなくしてしまうことには違いないし。

気温が高く湿度の多い気候によって、熱帯雨林には、世界中で一番多く生物が生息しているんだ。面積は地球の二パーセント以下を占めるだけなのに、地球の植物と動物の五〇パーセント以上が住んでいるともいわれているよ。アマゾンだけでも、地球上の生き物の三分の一以上の種類が住んでいると言われているんだ。

熱帯雨林は、アフリカ、アジア、オーストラリア、中米、南米などにあるけれど、世界で一番大きい熱帯雨林は、アマゾンだからね。

これが、アマゾン熱帯雨林が他の森林とは特に違っている点なんだよ」

ベンは、ため息をつきながら言いました。

「それにね、近年では、輸出用の大豆のための大規模な農地開拓が問題になっているんだ。大豆だけでなく、トウモロコシ、サトウキビ栽培も含めて、農地への転換も進んでいるんだ。トウモロコシやサトウキビは、ガソリンに替わるエネルギーとして今注目を集めている、バイオエタノールの原料で、その生産国の第一位はブラジルなんだよ。

だが、さっきも話したように、熱帯雨林は、作物にとっては恵まれた土地でないのでね。とはいえ、その方法があまりにすごいのさ。

その方法は、再生林や牧場の跡地を焼いて土を改善する、焼き畑農業という方法なんだ。土地を焼いて農地を作っていくので、自然の森林が簡単に切られ、材木としても利用されることなく焼かれてしまうのさ。住んでいる人たちにとっては、生きるため、生活のためなので、簡単にやめさせることは難しいしねえ。こうしてどんどん森も木もなくなっているんだ。

実はね、アマゾンの熱帯雨林の樹木は、重なり合って高さが七十メートルもあるのに対し、その木に水分や養分を供給している土は、なんと、数センチ~数十センチしかないらしいんだ。だから、木が切られたり焼かれたりすると、薄い表面の土が雨水で流され、回復不能な荒地となってしまうのさ。そして、森林伐採によりいったん流出してしまった表土が再び元の姿に戻るには、百年単位での歳月がかかってしまうとも言われているんだ。途方もない年月が必要なんだよ。一度、森林破壊をしてしまうと、そのツケは、限りなく大きくなってしまうのさ。

ところで、ウィル、パパが心配していたというアマゾンの森林破壊のスピードだけど、どのくらい進んでいるか、想像つくかい?」

「わからないよ。想像もつかないけれど、すごいんだろうなあ」

「実は、アマゾンでは、この三十年間で日本の面積の約二倍の森林がなくなってしまったんだよ。だから、もし、今後もこのままのペースで森林破壊が進んでしまうと、二〇三〇年までに、最大で、アマゾン熱帯雨林の六〇パーセントが破壊されてしまうんだ。この影響でCO_2、つまり二酸化炭素の排出量が当初の予想より、七〇パーセント以上も多い、九百六十九億トンに増えてしまう可能性があると、WWF・世界自然保護基金が報告しているんだ。これは、今まで、CO_2の巨大な貯蔵庫であったはずのアマゾンがその働きができなくなるということから、算出された量だよ。大変なことさ。

　CO_2が、今、問題になっている地球温暖化に関係していること、わかっているよね、ウィル」

「うん、知っているよ。地球温暖化の原因となっている温室効果ガスの一つで、温室効果ガスのほとんど？　確か八〇パーセント以上がCO_2だということもね。温室効果ガスがなければ、僕たち、地球に住めなかったんだよね。ちょうど良い温度になっていたんだよね」

「そうだよ。もし、地球の気温を保ってくれている温室効果ガスがなかったとしたら、地球の平均気温はマイナス約十九度と言われているんだ。この温度は、日本ならば、北海道の最北の稚内の二月の一番寒い日の温度と同じくらいらしいからね。とっても寒いよ。それが温室効果ガスのおかげで、今の地球の平均気温が十四度前後に保たれているんだよね。

　その微妙なバランスが保たれているうちはいいけれど、今の私たちは、より豊かな

生活を求めエネルギーを限りなくどんどん消費してきたために、そのツケが回ってしまい、急激に増えた温室効果ガスに対応できずにいるんだ。地球は太陽からの熱で暖められ、暖められた地球からも熱が再び宇宙に放出されているんだけれど、現在は、地球をおおっている大気中に、温室効果ガスが急激に増加してるんだ。温室効果ガスが大気中に増えると、太陽光からの熱を地球から逃がしにくくなってしまい、結果、地球の平均気温は上がってしまうんだ。今や、それが危険な状態になってしまい、地球の温暖化という問題になってしまっているのさ。

温暖化の原因は、私たち人間にあるんだよ。しかも、CO_2が予想よりはるかに速く増えるということは、温暖化が今よりもっと急速に進むということになるからね。

現在でも、温暖化の影響で、世界各地で気候変動がおき、かつてないほどの干ばつや、熱波、豪雨が増え、巨大なハリケーンにもたびたびおそわれているよね。

日本も例外ではなく、集中豪雨におそわれているよね。でも、今後、もっと短い周期で何回も強力なものがおきるだろう、と専門家は警告しているんだ。

現に、米国と中東でよく騒がれている干ばつは、ここブラジルでも二〇〇五年に、百年に一度という干ばつにおそわれたんだけど、わずか五年後の二〇一〇年には、前回の干ばつを上回るほどの大干ばつにまたもやおそわれたんだよ。

アマゾンの熱帯雨林では、人類の歴史が始まる前から、ほとんど気象変動がなかったと言われているのに、ここ数年、乾季に雨が降り、一方雨季には雨が降らない日が続き、世界的な異常気象の影響を受けていると言われているんだ。熱帯雨林の破壊は、世界の天候にも、大きな影響を与えるんだよ。

どうかな、ウィル。アマゾン熱帯雨林の破壊が急速に進み、地球の温暖化にも影響を大きく与えていることが、わかったかな？」

「うん、よくわかったよ。森林破壊は、僕が想像していたよりもっと速いスピードで進んでいるんだね。しかも、その森林破壊は地球の温暖化に大きく影響を与えることもわかったよ。

なんとかしなくちゃ。大変なことになってしまうよ」

第四章　熱帯雨林

(一) 熱帯雨林と太陽の光

「では、ここで、アマゾン熱帯雨林のことを理解するためにいくつか質問するよ。熱帯雨林には、なぜ多くの植物や動物がいるのか、ウィル、わかるかな?」

「わからないよ。教えて」

「まず一つ目。アマゾンは、氷河期にも緑が残ったため、多くの種の避難場所となって、地球上の生物遺伝子資源が多く集まっていると言われているんだ。

さて、ウィルも学校で習ったと思うけれど、植物は、根から吸収した水と葉や茎から取り入れた二酸化炭素を材料に、日光をエネルギーとして、ブドウ糖やでんぷんといった炭水化物を合成してる。この時に酸素が放出されるんだよね。

これを光合成といって、地球上にある酸素のほとんどは、このようにして生み出されたと言われているのさ。

北海道の〝マリモ〟で考えてみよう。マリモも光合成で成長しているんだよ。マリモは、かつては、世界の各地にいたんだそうだ。だけど、水質や環境の悪化で、今は北海道の阿寒湖だけにしかいないんだ。マリモは、糸状の細い藻の集まりなんだ。このマリモも、光合成ができないと、生きていけないんだよ。

重なり合っているマリモの、下側のマリモには光が当たらないので、どうするかというと、上になっているマリモが移動して、下にいるマリモにも光が当たるように、かわりばんこに動いて場所を交代しているんだよ。こうすることで、上、下のマリモすべてに光が当たり、光合成ができるようになるんだ。それだけではないよ。みんなで助け合って、くっつき合い、体についた天敵のシオグサを、同時に回転し、自分の体を動かしながら、取っていくんだそうだ。

この天敵がマリモの周りをおおってしまうと、光合成ができなくなって、そのままではマリモは生きていけなくなるからなんだ。そして、光合成で酸素を作るマリモには、さまざまな生物が住みつき、小さい魚を食べに、また、大きな魚もマリモにやってくる

んだ。こうして、光合成によって多くの生物が生きていっているんだよ。光合成の力って、すごいよね。マリモたちが助け合って生きていく様子を知って、人間もこのようにできないのかな、なんて思うんだ。

そう、二つ目は、光合成のパワーさ。熱帯雨林は熱帯地方にあるので、光合成のための日光からのエネルギーがいっぱいあるからね。このエネルギーが植物たちにいっぱい集められていき、その植物を食べに多くの動物たちもくる。食べ物が豊富にあるので、植物と動物の多くが生きて行けるんだ。

そして三つ目。森林には巨大な樹の下に樹木の枝、葉でおおわれた〝樹冠〟という所があって、その上の方を〝林冠〟というんだが、林冠は、特に太陽光線を直接に受けとれる、高い木の枝や葉がすきまなくぎっしりと茂っている所なんだ。だから、この林冠では、光合成などの生物活動が、特に活発に行われているんだ。花、実、昆虫なども、一番多く見られる場所で、より多くの植物と動物の住む場所になっているのさ。そう、動物たちにとって、林冠は、食べ物だけでなく、避難所や、隠れ場所を新しく与えてくれる所ともなっているよ。そして、異なった種類の生き物がお互いに利用しあっている世界でもあるんだ。

たとえば、植物は、子孫を残すのに〝種〟を作るが、それを林冠に住む昆虫類が食べてしまう。植物の方は、食べられないように昆虫にとって毒となる成分を種の中に入れたりしている。そういう面で昆虫と植物は、いわば、敵同士の関係さ。でも、植物は、昆虫に花粉を運んでもらうことも必要だ。風の力でも、運んではもらえるが、やはり、昆虫による花粉の運搬の力は頼りになるらしいよ。

昆虫の方も、目立つ色の華やかな花の、おいしいミツをいただくというように、お互いにうまく利用し合っているのさ。

特に熱帯雨林は、このように生き物と生き物が、お互いの作用を使っての、通信、ネットワークのような世界が非常に細かく張りめぐらされている生態系なのだそうだ。この細かに四方に張りめぐらされたネットワークのようなものがあることが、熱帯雨林に多くの植物や動物が生きていかれる理由だとも言われているんだ。

かつて種の避難場所だったから。光合成のパワーが特に強い所だから。そしてネットワークのような生態系がうまく作用しているから。

これら三つのことが、熱帯雨林に多くの動植物がいる理由と考えられているんだ。どうかな、ウィル、わかってくれたかい？」

「ハイ」

「では、次にいくかな。さっき、高い木の上の部分、林冠の働きについて話したけれど、今度は木の下の方、熱帯雨林の森、ジャングルの地面について見ていこう。この部分を、〝林床〟というんだが、ここは何の役に立っていると思う？　どうかな？　ウィル」

「そこで生活する動物や生き物もいるよね。林床がないとどうなるの？」

「そうなんだよね。まず、林床について話すよ。林床は、光がほとんど林冠によりさえぎられているので、暗くてじめじめした湿気の多い場所なんだ。ここでは、湿めった場所が大好きな植物や菌類などが生きているんだ。

　また、大きな動物、ねこ科の猛獣でアメリカトラとも呼ばれているジャガー、サイに似ているブラジルバク、シカ類、巨大な毒ヘビ……など、いろんな動物もいるよ。

　一日中、日陰のこの場所は、実は、森林で生物が生きていくのにとても重要な働きをしている所なのさ。

　というのも、林床は、分解が行われる場所なんだ。分解とは、菌類や微生物が、死んだ植物や動物を破壊して、生態系の基本となる材料と栄養素をリサイクルする方法を行っていることをさすのさ。

こうして、土は栄養をもらい、木や植物は、スクスクと成長できるんだよ」

「うわあ、こうやって、アマゾンの森のジャングルも、長い長い年月をかけて、豊かな森となっていったんだねえー。

自然のいとなみには、ムダがないんだね」

僕は、ベンの話にすっかり感心してしまった。

（二）熱帯雨林は、どうして大切なの？

「では、次の質問だよ。なぜ、アマゾンの熱帯雨林が破壊されると大変なんだろう。熱帯雨林の森の役割って、なんだろう。熱帯雨林って、どうして大切なんだろう。そんなことを考えてみようか」

僕は、一つだけはっきりとわかったことがある。それは、ベンが、繰り返し言っていたことだ。「熱帯雨林だけでないけれど森林は大切だ」ということ。それをもとに、考えてみた。

「ひとつ目は、地球環境を守るため。特に、二酸化炭素を吸収し、今、問題となって

いる地球の温暖化をくい止める働きがあるよね。

二つ目は、これもベンから教えてもらったことだけど、熱帯雨林は多数の動物や植物が生息している所だから、ここが破壊されたら、ここに住む生物は、生活環境がかわって生きていけないよ。

他にもまだいっぱい、熱帯雨林の働きはあると思うんだけどなあ」

「まあ、二つ答えられたからね。四十点という所かな」

「えっ、たった四十点？　他にどんなことがあるの？　教えて？」

僕は、ちょっと口をとがらせて言った。だって、半分ぐらいは、答えられたかなと思っていたから。するとベンは笑いながら言った。

「ごめんよ、点がからくて。じゃ、ウィルの答えにつけたしをしながら、その現実についても見ていこうね。

第一に、熱帯雨林は大気から二酸化炭素を吸収して、地球の気候を安定させ、地球温暖化を防ぐのに重要だということ、ここまではＯＫ。もう少し補足すると、熱帯雨林の特性である雨、この雨を降らせることで、暑さを穏やかにするなど、天候にも影響を与えるんだ。

それが今、深刻な問題がおきているんだ。アマゾンも、世界的な異常気象変動の影響を受けていると、さっき話をしたよね。今、まさにアマゾンの森林破壊も進んでいて、森林が今まではたしていた役割が、いろいろはたせなくなってきているんだ。たとえば、森林による水を保つ効果が減ってしまっているし、森林を焼き払っているので、CO_2の吸収どころか、むしろCO_2を出しているという現実もあるんだ。

そして、これらアマゾンの現状が、地球の大気の流れや、遠く離れた場所の雨の降る量までも変える結果を生み出しているとも言われているんだ。

そして二番目の役割。これは、ウィルの答えでOK。

熱帯雨林は、多数の動物や植物が生きている大事な所。アマゾンは〝生物の宝庫〟と言われているけれど、その生物の種類はほんの数パーセントしか明らかにされていなくて、残りのほとんどは、まだ眠ったままであると言われているんだよ。国立アマゾン研究所でキノコの研究をする研究者が、『見たこともない新種のキノコが、今も無数に見つかる、世界の研究者のあこがれの場所』と言っていたよ。でも、このままいくと、私たちが見つける前に、アマゾンの豊かな生物は絶滅してしまうと多くの人たちが心配しているんだ。アマゾンにおいての生物種の絶滅ということは、私たちに役立つ医薬品の

発見の可能性をも奪っていることにもなるからね。

第三に、熱帯雨林は、水の循環の維持を助けているんだ。すなわち、水がめぐりめぐって、また元に戻るということ。水の循環？　わかりにくいよね。水循環というのはね、地球の表面の『上』と『下』に水がつづけて移動すること。具体的にもう少しわかりやすく言うね。

熱帯雨林での水循環の役割とは、植物の体の中の水分が、葉や茎の表面から水蒸気となって外に出ることなんだ。そう、空気の中に植物から出るたくさんの水蒸気となった水を加えることになるんだ」

「ええ？　なんで植物からの水が空気に入るといいの？」

「うん、そう思うよね。空気が湿気を持つことで、雨雲となって、雨を降らせてもらえ、アマゾンの植物は、上からいっぱい雨による水分がもらえるんだ。植物は、いっぱい空気の中に水分を出したけれど、いっぱいもらっているんだよ。

アマゾンの森は、こうして、空気の湿気の元となる水蒸気をいっぱい出しているのさ。

森の植物だけが、水のお返しをもらってるんじゃないよ。もし森林が少なくなると、同時に、空気の中に湿り気が減ることになり、雨も降りにくくなってしまい、干ばつ、ひでりなど、水枯れの原因にもつながりやすくなるのさ。そう、さっき話した地球全体の大気の流れや、降水量とも関係してくるからね」

「うわあー、森の中でそんなに水を出しているなんて、すごいなあ。雨が降らなくなったら大変だよね。ここでも、熱帯雨林の役割がはっきりわかるんだね。森林がなくなったら、こんな風に自然の天気まで影響が出るんだね。人間は、森林の木を倒し、自分たちの思いどおりに木を征服したと思っているけど、木は自分たちの力をしっかりと見せて、僕たちに警告しているんだね」

「ほんと、そうだね。雨が降らなければ、水不足になって、作物にも影響を与えるし、水源に水がなくなれば、飲料水にも影響するからね。でも、雨も、降りすぎると洪水になって困るよね。そんな時でも熱帯雨林では、水を保ち、土の流出がないよう、木と植物の根ががんばってくれているんだ。でも、アマゾンの場合、もともと表面の土が薄いので、森林破壊が進んで木がなくなると、洪水でなくても、ちょっとした雨で水が流れ出し、〝土〟もいっしょに流れてしまうので、森の木は栄養分を土からもらえなくなり、流れ出た土が川に流れ出せば、水がにごり、魚や生き物の生態系にも大きな被害を

与えてしまうしね。残された木も生きにくくなってしまうんだ、自然のバランスを人が大きくくずすことは、自然に仕返しをされることになるんだね。

では、四つ目に行こうか」

と言って、ベンはまたもやとっても大事なことを教えてくれたんだ。

「第四に熱帯雨林は、役に立つ薬草の宝庫なんだ。

アマゾンの植物は、温暖な気候と豊富な水によって、質・量ともに他にはない豊かな森で育っているんだ。中でも、薬用として役に立つ植物の種類が、世界で最も多い所と言われているけれど、その多くがまだ詳しくわかっていないのさ。薬として役に立つ成分を持つ植物を探し、新薬を作れないかと、世界中の専門者たちが、今も必死で森の中を探し回っているんだ。

実際にアマゾンでは、五千種類ぐらいの薬効を持つ植物があるのではないかと思われているんだが、実際はもっとはるかに多いのかもしれないね。今までに約六百五十種ぐらいの薬効植物が見つかっているらしいよ。

アマゾンの森にずっと暮らしてきた先住民と呼ばれる人たち、なかでも村のシャーマンと呼ばれる人たちは、薬草の知識が深く、村を取り囲む森林の植物を使って儀式を行い、長い年月病人の治療をしてきたんだ。

ヘビにかまれた傷、体にできる腫瘍という異常な細胞が増加していく病気、ガンなど、いったいどうやって治してきたのか、どんな薬草を使って治してきたのか。私たちには知らないことばかり。多くの〝民族植物学〟という分野の研究者たちは、それらを一生懸命研究していて、今までにも、これらの薬草を使い、薬が作られてきているんだ。アメリカ国立ガン研究所によって抗ガン作用があるとされた植物の七割が、アマゾンや他の熱帯雨林の原産だったそうだよ。

これらの薬草の発見には、先住民たちの薬草の知識を学ぶことがとても大切なことなんだ。なぜなら、彼らは、何世紀にもわたってアマゾンで生きてきたので、アマゾン熱帯雨林の生物が生きていく状態や生態系について、とてもよく理解しているからね。私たちは、我を捨て、素直に謙虚に教えをお願いする必要があるのさ。

ウィルは、アロマセラピーで有名な、ティーツリーを知っているかな」

「僕、知っているよ。ママがアロマセラピーによく使っているし、僕も切り傷の時などに使っているよ」

「そうか、役に立っているんだね。今でこそ、広範囲に世界中で愛用され、実際に医

療の現場でも使われているが、当初は認められていなかったんだ。ティーツリー油は、オーストラリアの先住民、アボリジニの人たちが何世紀にもわたって、感染症や、皮膚への治療などに使っていたものなんだ。でも、当時は未開の人たちとして扱われていたし、自分たちにも植物学の知識がなかったので、関心を持たれることがなかったんだ。そして二十世紀になってようやく、それが役に立つことが広く世界に知れ渡ることになったのさ。

このように、先住民の人たちの薬用植物に対する知識は、すばらしいものがあるんだよ」

「すごい、ティーツリー油って、そんな風にして見つけられたんだ。ベンが言うように、先住民の人たちとお互いに仲良く助け合って、もっといろいろな知識を教えてもらえるといいねえ」

第五章　アマゾン先住民の知恵

「ところで、アマゾンで、最も有名な薬草〝ガラナ〟は、世界中で清涼飲料水としても知られているんだけど、ウィルは飲んだことあるかい？」

「僕、知らないよ。どんなの？」

「私も飲んだことはないんだ。コーラに似ていて、味は、少し薬くさいとか、濃い麦茶にショウガを混ぜたような味とか言われているけど、日本では一部の地域でしか手に入らないみたい。でも、ここ、ブラジルでは多くのメーカーが出している人気品なので、そのうちウィルも目にすると思うよ。

ガラナというつる性の植物から取れる赤い実を利用して作った飲料さ。このガラナも、先住民族の人たちが、古くから薬用として、また栄養のある飲み物として愛飲してきたものさ。

ガラナの実は〝カフェイン〟や〝カテキン〟を多く含み、アマゾンでは、この種子を

粉末にし、水に溶かして飲むんだ。

これは天然の刺激剤で、体力を増進する薬として、心臓や筋肉の強壮剤、神経興奮剤として用いたり、毛細血管を活発化したりするためにも使われているんだ。

ガラナの他にもまだあるよ。アマゾンのジャングルの奥地で最近発見されたんだけど、幻の薬用樹木と言われているものさ。なぜ幻かというと、一万平方メートルに二本か三本しか育たないという、珍しい木だからなんだ。この木が育つためには、土地に栄養分がものすごくいっぱい必要なんだ。だから限られた場所にひっそりと少しだけある、とっても貴重な木なのさ。

名前は〝キャッツクロー〟といわれている。猫の爪という意味さ」

「へえー、猫の爪？　変わった名前だね。どうして猫の爪っていうのかなあ。爪のようにとがっているのかなあ。猫って、爪でひっかくから痛いよね」

「うん。この木は、コーヒーの木と同じ種類のアカネ科の木なんだ。そのつるの部分に、猫の爪のようなカギ状のトゲがあるので、この名がつけられたようだよ。南米ペルーのインカの人たちは、この〝猫の爪〟の木の樹皮や根を煎じて、健康を守る薬として、長い間愛用してきたんだ。それを知った学者たちが、アマゾンの現地に入って、その使い道に興味を持ち、研究をして、この植物が特殊な薬として作用する六種類の〝アルカロイド〟を持つことがわかったんだよ。〝アルカロイド〟にはたくさんの種類があって、その仲間には、ウィルがよく飲むお茶やコーヒーなどに含まれる〝カフェイン〟や、タバコの〝ニコチン〟や、〝モルヒネ〟などがあり、モルヒネは鎮静剤として医薬品にもよく利用されているんだ」

「猫の爪で最も期待されているのは、これらの仲間の中の六つの〝アルカロイド〟が、免疫力を増強し、私たちが本来持っている自然治癒力が向上するのに役立つことなんだ。自然治癒力が向上すれば、私たちの体は、病原菌に対してもがんばっていけるからね。

今、ペルーでは、この猫の爪は、リウマチの特効薬として使われているよ。リウマチという病気は、古代ギリシア時代からあるようで、今でも完治しにくい病気の一つなんだ。この薬で少しでも痛みを軽くすることができたら、いいね。〝猫の爪〟は、痛みをともなういろいろな他の病気に使えないか、世界中で今も研究されつづけている注目の薬用植物なんだよ。

他にも、森の民・先住民の人たちが教えてくれた薬用植物はいろいろあるんだ。

先住民の人たちは、人間に対してだけでなく、鳥や動物にもとても優しいんだ。なぜなら、先住民の人たちは、自然とともに生きているからね。むやみに殺さないし、大事にするんだ。自然との調和なくして、みんなが幸福に生きられないことをよく知っているんだ。

このように役に立つ薬用植物は、まだまだあると思うよ。先住民の人たちの長年の生活の知恵を学ばせてもらうとともに、私たちは、アマゾンの森がこれ以上破壊(はかい)されないよう努力しないとね」

「うわあ、先住民の人たちってすごいんだね。僕は、今まで、テレビで見ることがあっても、別の世界の人たちのように思っていたんだ。なんか、僕、尊敬(そんけい)しちゃうなあ」

第六章　アマゾンの生き物たちとの出会い

「あっ、あそこにティサちゃんがいる！」

とベンがうれしそうに言った。

僕は、そのティサちゃんがどこにいるのか、いったい何ものなのか、わからなかった。

ベンが、ちょっと下の木に降りようと言ったので、木にティサちゃんがいるのかなと、きょろきょろ見たけれど、どこにいるのかわからない。そんな僕のまごまごしている様子にもおかまいなく、ベンはある木の所に行った。あ、何かいる！　体長が五十〜六十センチ前後のコアラに似た動物が、しっかりと木の枝にぶらさがりながら、目を閉じて、眠っていた。

「紹介するよ。私の友達のティサちゃん。女の子だよ。ティサちゃん、元気だった？ティサちゃんのママはどこに行ったの？」

と、ベンはティサちゃんに呼びかけた。ティサちゃんは、小さい時、よくママの身体にしがみついていたからね、というベンの声で、ティサちゃんは目を覚ました。

「ベン、久しぶり」

と、うれしそうに答えた。

「ママは、今、下に降りているわ」

「ティサちゃん、私の友達のウィルだよ。これから森の奥の森の精、バードル様に会いに行くのさ。ティサちゃん、ウィルは優しい子だよ。君の背中にさわってもいいかい?」

「もちろんOKよ、ベンの友達なら、私にとっても友達よ」

僕は、こわごわティサちゃんの毛足の柔らかいへアブラシのような、フサフサして緑の藻やコケが生えている身体をなでた。

「ティサちゃんはナマケモノなんだね」

「ナマケモノの毛皮には、藻やコケが住みついていて、そこで生活しているのさ。そしてナマケモノの方も、この生えたコケを食用として使っているのさ。いわば、持ちつ持たれつの関係だよ。ナマケモノは、一日に最大二十時間も眠っているよ」

と、ベンが教えてくれた。ティサちゃんは、僕が背中をなでてあげたら、気持ちよさそうにまたすぐ眠ってしまった。

「どう？　かわいいだろう？　私は、ティサちゃんが、目をとじて寝ているのを見るのも好きなんだ。目をあけると、とってもかわいい目なんだよ。ティサちゃんを見ていると、幸福な気分になるんだ」

とベンは言った。僕も、ティサちゃんに会えて、なんかふわっとした気分になれた。

「ところでベン、〝ナマケモノ〟ってかわいそうな名前だね。めんどうくさがりの怠け者みたいに聞こえるけれど、どうなのかなって？」

僕はベンに聞いてみたんだ。するとベンは、怒ったように、

「とんでもない。ナマケモノはものぐさなん

かじゃないよ。おそらく、最も動きの遅い哺乳類ではないかと言われているけれど、それは、動物がじっとしている時に使われるエネルギーである基礎代謝量が非常に低いので、すばやく動くことができないからさ。彼らは、別に目的を持っていないわけでも、ましてや怠けているわけでもないさ。けっこう動いているんだよ。ただ、その動作が、とてもゆったりとしているだけだよ。エネルギーを保持するためにも、ゆっくりと動く必要があるんだ。

地上での動作はゆっくりだけれど、泳ぎは上手なんだ。それというのも、アマゾン近辺では、雨季に生息地が洪水にあうこともしばしばあるので、泳げないと生きていけないんだ。

基礎代謝量が低いので、食事はごく少量でも生きていけるのだけれどね。生涯のほとんどを木にぶらさがって過ごすので、主食は周囲にある木の葉や新芽などなんだ」

僕たちは、夢を見ているのか幸せそうな顔でまた眠ってしまったティサちゃんの様子を見ながら、そっとその場を立ち去った。そして、なおもアマゾンのジャングルの森の奥へと飛び立った。

途中、小さな鳥が森の中に響き渡るような高い澄んだ鳴き声で、私たちを森の奥に案内してくれた。アマゾンに住むフラジオレットミソサザイだ。この鳥は小さくてあまり目立たない鳥だが、その鳴き声は、うっとりするぐらいすばらしいきれいな声で、いくつもの鳴き声をまぜながら、調子を変えてさえずっていく。

森の動物たちも、その鳴き声につられて、森の奥深くに入って行くと言われている。また、昔から、アマゾンの先住民族の人たちは、そのずば抜けてすばらしい鳴き声に、神話や芸術の中で、敬(うや)まってきた鳥らしい。それもうなずけるさえずりだ。

僕も前に学校で、音楽の先生から、アマゾンにはすばらしい声の鳥がいるということを聞いたことがあった。しかもその鳥は、数年前、ドイツの鳥類学研究所のチームによって、〝バッハを歌うアマゾンの鳥〟として報告され、話題になったのだと、先生は教えてくれた。

それは、この鳥が、作曲家のバッハや、ハイドンの曲の中に出てくるものと、とてもよく似た鳴き声で歌うということらしい。しかも、複数の鳥が同時に歌うと、それぞれが決まった部分を担当して歌うそうだ。まるで、すばらしい合唱団のようだという。研究所のチームの人たちの話では、この鳥は、西洋音楽の音程である高い音と低い音との間もしっかりとれているし、音階も高さの順に一定の順番になっていて、それらを完璧(かんぺき)

にわかって歌っていることを発見したとのことだった。
　僕は、その話を先生から聞いた時は、うそー、そんなこと、あるの？　と思っていたけれど、やっぱり本当なんだ。それぐらいすばらしいさえずりなんだ。残念ながら、複数の鳥の合唱は聞くことができなかったが、先生も聞いたことがないと言っていた、フラジオレットミソサザイの歌声を、僕は今聞いている。それがとても誇らしかった。きっと森の中だから、なおすばらしく聞こえるのだろう。この旅から帰ったら、学校で、友達みんなに教えてあげようと思った。
　ベンはこの鳥とも友達らしく、話をしているようだが、僕には、さえずる声はよく聞こ

えるんだけど、あまりに小さいので姿はよくわからなかった。ベンは、このミソサザイは森の精の指示を受け、私たちを案内しているのだと教えてくれた。

気がつくと、いつのまにかミソサザイの声がしなくなっていた。かわりに、すぐ近くから、ホエザルの耳をつんざくような鳴き声が聞こえてきた。夕暮れや夜明けになると、多くのホエザルが一斉に鳴き声をあげ、その声は五キロ先まで届くという。今はまだ数匹しかいないけれど、それでも大きな音は不気味でもあった。

第七章　森の精のなげき

やっと森の精がいらっしゃる所にたどり着いた。

着いた所は、僕たちがジャングルの冒険（ぼうけん）の第一歩を踏み出したアマゾンの玄関口、マナウスのあるアマゾナス州の南隣（どなり）の、アクレ州という小さな州にある深い森の中だった。

アマゾナス州は広大なアマゾンの大半を占めている場所なので、アクレ州の何倍も広い。だから隣（となり）と言っても、日本で僕たちが考えている隣（となり）とは桁違（けたちが）いだ。アクレ州はほとんどがジャングルなんだ。南側にボリビア、西側はペルーと接し、ブラジルの北西部にあたる。いろんな言語を話す先住民の人たちが住んでいるらしい。

歩いて森の中に入っていくと、いくつもの高い樹木が、まっすぐに空に伸びていた。中には、最上層と言われる、五十メートルにもなるかと思われる飛び抜けて高い巨大な樹木もところどころにある。あまりにも高いので、これらの木のてっぺんを下から見ることはできない。最上層の樹の周囲には、これより低い三十メートルくらいの木の枝や葉が、ぎっしりと茂っていた。

これが、ベンから聞いた樹冠とか林冠と呼ぶところのようだ。中には、つる植物がつるをくねくねとはわせ、着生植物がその樹の根元の方に付いて美しい花をつけたりしていた。樹は、この花の宿主となっているようだ。

これらの大木にさえぎられ、太陽の光が地上まで届かないので、辺りは暗くひんやりとしていた。足元の地面には、草もほとんど生えていないので歩きやすいが、いつジャガーや毒ヘビが出てくるか心配で、おちおち歩けない。そんな僕を見たベンは、笑いながら、

「今は昼間だし、危険を感じたらすぐに飛ぶからだいじょうぶだよ」

と言って、僕をなだめてくれた。

しばらく歩くと、前方に長いひげをたくわえた威厳のある老人が立っていた。僕は一目見て、この人が〝森の精〟だとわかった。ベンは、森の精に挨拶し、僕を紹介した。

森の精は、僕の方にニコニコと近づき、

「よく来たね、ウィル。待っていたよ」

と言った。僕はちょっと照れながら、

「ウィルです、初めまして」

とあわてて挨拶を返した。森の精は、この森にずーっと住んでいるので、かなりの年齢らしい。近ごろのアマゾンの森林破壊について、今までにないスピードで森が壊されていっている。本当に心配だ、と話しだした。

そして僕に、

「ベンは、君に、アマゾンのこと、教えてくれたかな？」

と聞いた。

「はい。ベンは僕にいろいろ教えてくれました。たとえば、熱帯雨林のはたす役割とか、破壊されてしまうことによっておこることや失うこと、またアマゾンの森にどうして多く

の植物や動物がいるのかとか、薬草となる植物がいっぱいあることも教えてくれました。そしてアマゾンなどの熱帯雨林の破壊が、地球全体の大気の流れや降水量とも関係し、CO_2の巨大な貯蔵庫としての作用ができなくなり、温暖化に拍車をかけていること、そして、このままのスピードで破壊が進めば、その影響で、世界のCO_2の排出量が七〇パーセント以上もアップしてしまう恐れがあり、それが遠い未来ではなく、二〇三〇年ごろと、近未来におこる可能性を知りました。危機は感じていましたが、想像以上で、ショックでした。ベンのおかげで、アマゾンなど熱帯雨林の破壊は世界の地球温暖化を加速させる原因の一つとなることが、よくわかりました」

「そうか、よかった。ベンは私から何日も特訓受けて勉強していったからね。しっかり君に伝えてくれたようだね」

「なんだ。ベンは森の精からいっぱい学んだんですね。どうりでよく知っていると思いました」

「ハッハッハッ。ベンはとてもよくがんばってくれたからね。ほめてあげなきゃいけないなあ。私の思いをきちんと伝えてくれたようだね。これから先もきっと、ベンはもっと君に教えてくれると思うよ」

とにっこりほほえみながら、森の精は言った。

「では、私はベンがまだ伝えていない所を君に話そうかね」

森の精はそう言って、言葉を選ぶように話しだした。

「まず、アマゾンの土壌はやせた酸性であまり良くないんだが、なぜかわかるかね？普通、落葉が枯れると土壌の栄養となるのだが、ここアマゾンでは、落葉やそれらがくさって、形がくずれ、重なり、広がっているという所があまりないんだ。なぜかというと、気温があまりに高いので、分解する速度が速すぎるんだ。

それに、葉切りアリと呼ばれるシロアリが、落葉をすばやく切って自分の巣に持ち込んでしまうから、残らないんだ。しかもこのアリ、枯葉だけ運ぶのではなくて、元気な葉も切ってしまうのさ。このアリにやられると、木々がいっぺんに丸坊主になってしまうんだよ。だから、植物にとっては怖い〝名ハンター〟のアリなんだ。

まあるく切られたたくさんの緑色の葉っぱを、ちゃんと一列に並んで運ぶのさ。運んでいる葉の方が大きいので、小さいアリの姿は見えなくて、葉っぱが勝手に動いているように見えるよ。まるで、『ガリバー旅行記』に出てくる小人の世界みたいさ」

「へえー、かわいい姿が目に見えるようですね。でも、怖いアリなんですよね。ところでこのアリ、葉を巣に持ち込んでどうするんですか？」

「キノコの胞子を植えて、発芽させ、自分の巣の近くに農場を作るのさ。しかもこの農場は、働きアリが、葉を運ぶものと耕すもの、それぞれに分業して作られるんだ」

「農場をですか!?　アマゾンらしいですね」

「話がそれてしまったが、土がやせているのは、アリの他にも原因があるんだ。

多量の雨が降るので、土にあった少しの養分が溶け出してしまうし、木の方も、少ない土からの栄養をどうしたら吸収できるか、必死さ。そこで、細い根を地表に浅く張りめぐらして、すばやく栄養を吸収してたくわえる方法を取るようになったんだ。だからアマゾンの土は、やせて栄養のない土になってしまうのさ。そのうえ、木が切られたり焼かれたりすると、薄い表土が雨水で流されてしまい、赤土が雨と日光にさらされ、赤い砂漠のようになり、回復の難しい荒地となってしまう。この表の土が元の姿に戻るのに、百年もの年月がかかるといわれているわけだよ」

そして、なおも顔を曇らせ、言葉を続けた。

「それに、この熱帯林はもろくて弱いから、一種類の木が減ったり少なくなったりするだけで、森の樹全体にまで影響が出てしまうんだ。君ももう知っているように、CO

2の吸収ができなくなるだけでなく、世界の気候を変動させ、温暖化にも大きな影響がね。

だから、アマゾンは、他の国の人たちにとっても大切な所なんだよ。でも、依然として、熱帯林は、開発を進めるためと言われ、今も破壊され続けているからね。

そして、もう一つ忘れてならないこと。それは、先住民族の人たちのことだよ。たとえば、アマゾン河流域の〝カラジャス〟という所では、今から四十年以上前に、世界一の量の鉄がこの地の地中にあることが発見され、すぐに大規模な開発が進んだんだ。鉱物が発見されたのは、国にとってはいいことだったけれどね。そのために、道路や鉄道などが敷かれ、この森に住んでいた先住民族、四千人もの人が、住む所を失ってしまったんだ。ここは、また、三つの大きな川の流域に多種多様な動植物が存在する自然の宝庫でもあったんだよ」

そして、なおも森の精は悲しそうに言った。

「他にも、熱帯雨林の地域では、アルミの原料、〝ボーキサイト〟という金属を含む石が見つかってね、これをアルミにするために、多量の電力が必要となり、森を破壊し、アマゾン河の支流に巨大なダムを造っていったんだ。

そこに住んでいた人たちは、自分たちの森がダムに沈んでしまうので、やむなく故郷を捨てなければならなかったんだ。他にも、住んでいた場所が国立公園で世界遺産となったため暮らせなくなり、二百キロも離れた所で観光の仕事をしている先住民族の人たちもいるんだ。彼らの多くは遠く離れた故郷の森へ帰りたがっているんだ。無理もないよ。彼らの森での生活は、狩りをし、魚を獲り、作物を育て、自然を守って、森とともに平和に生きてきたのだからね。

森には、お金もモノもないけれど、それでも彼らはとっても幸福だったんだよ。

彼らにとって、森以外での生活は未経験だし、言葉もわからないし、お金もないからね。私たちが想像する以上に大変なことなんだよ。最近では、所によっては、学校もあり、自分たちの民族の言葉だけでなく、ブラジルの公用語のポルトガル語を話す人もかなり出てきた。一方で、今も文明を拒否してアマゾンの密林の奥深く、独自の文化を持って生活している先住民族の人たちもかなりいるんだよ。

そうそう、これらの鉄やアルミは、世界中に輸出されているので、ウィルの家にアルミや、鉄でできている製品があったら、もしかしたら、このアマゾンでとれたものが原料なのかもしれないね。

豊かな国は、これらの物だけでなく、便利で安い物が簡単に手に入るけれど、一方では自然破壊や、先住民の人たちの生活の場を奪ってしまっているかもしれないということも、忘れてはいけないよ。

アマゾンの先住民の人たちは、何世紀も、何世代にもわたって、自然と調和し、この森とともに生き、自給自足の生活をし、森を守ってきてくれたのだからね。彼らが森を離れることで、アマゾンの森林破壊がさらに進んでしまう恐れも強いからね。私はそれも心配さ。

アマゾンの森林は、地球の大切な資源だからね。アマゾン一帯は、鉱物資源や水資源がとてつもなく豊かでありながら、一方では、さまざまな変化に富んだ生き物が生きている、地球上でも貴重な所だよ。開発の犠牲になっているのは、先住民の人たちだけでないよ。もの言わぬ森で生きる動物、鳥、木の種の多くが、自然のすみかを追われ、滅んでいってしまっているんだよ。

急激な開発は大気の乾燥化を招き、自然発火により、たびたび森林火災にもおそわれているし、シングー先住民保護区のように、すぐ側まで開発が進んでいる所もある。先住民の人たちの森での暮らしにまでおそいかかっている所もあるんだ。

私たちは、みんな、地球に住む大家族の一員だからね。みんなが力を合わせて、地球を守っていかなければいけないんだ。

でもね、暗い話ばかりじゃないよ。この熱帯雨林を保護する活動や、先住民の人たちの生活を守り、経済的にも自立できるよう、世界のさまざまな国で支援の輪が広がっているからね。それに、そんな状態のアマゾンの森林破壊をくい止めるため、ブラジル政府も開発を抑え、止める政策を次々と打ちだし、森林を守ろうと努力しだしているようだしね。今日では、世界の国際団体により通信衛星による監視も行われているから、世界中の人々の関心の的になってきているのだがね。

私は、この森がいつの日かまた、静かな幸福な森となるのを信じているんだよ」

と、柔らかな表情で、森の精は話してくれた。僕も、明るい森の未来を信じたいと思った。

僕たちは、森の精に別れを告げて、その地をあとにしたのだった。

第八章　相棒(あいぼう)、ベンは大いそがし

森の精と別れてからも、僕たちはアマゾンの森の中を飛んでいた。昼間の強い太陽が僕たちの頭の上で輝(かがや)き、空は真っ青。暑いけれど、緑のジャングルの中は、空気がおいしい。ときどきさわやかな風がほほにあたり、とっても気持ち良かった。

昼間のジャングルは、いろいろな動物や鳥たちが活発に動き回り、さえずり、にぎやかだ。ベンは森の中の動物や鳥たちに知り合いが多いらしく、挨拶(あいさつ)に大いそがしだ。

目の前の木を揺(ゆ)らして遊んでいるリスザルの一群にも出会った。体長が二十五から三十センチ、体重が千グラムぐらいの小さなサルだ。体の大きさや色がリスに似ているから、その名がつけられたらしい。全体的にほっそりとしているが、体に比べ頭が大きい。耳が大きくて、目がクリクリ、目の周りは白っぽいが、口の周りは黒くて、とてもかわいい顔だ。体は黄色っぽく光っていた。尾がとても長くて、体よりも長い。リスザルは、樹の上で生活するため、体のバランスを取るのに長い尾っぽが役立っているそうだ。

　樹の上を移動しながら飛び上がり、飛んでいる昆虫を捕まえるリスザルもいた。雑食性なので、昆虫やカエル、小鳥のひななども食べることがあるみたい。でも、好物は木の葉や果実。

　よく見ると、母親の背中に乗っている小さな赤ちゃんザルもいた。母親の背中に乗って、ぴったりとくっついているが、目を大きく開けて、キョロキョロと辺りを珍しそうに見ている。きっと初めて見る景色ばかりなのだろう、興味いっぱいという感じだ。母親は、樹の上を移動する時も、子供を背中に乗せて跳ぶ。生まれたばかりは軽いけど、今は重いだろうなあ、やっぱりお母さんて、すごいなあと、僕は妙に感心してしまった。ベンはこのリスザルとも顔なじみらしくて、何か一生懸命に話をしていた。僕は、ちょっぴりうらやましかった。

　しばらくして、背中全体が明るい緑色で、お腹も淡い黄緑色、風切り羽が濃い青色で、くちばしがオレンジ色の、とってもきれいなインコが、赤い実をつついていた。私たちを横目で見ていたが、ベンも、この鳥とはあまり会ったことがないらしく、黙って見ていた。

僕が口笛を吹いたら、僕の方に向かって、口笛と同じような声で鳴き出した。僕はうれしくなって、何回も口笛で合図した。モノマネの上手な、とてもかしこいインコだ。
少し行くと、大型のカラフルなインコが樹の上にペアで止まっているのを見つけた。羽の色は、ほとんど濃い赤色、雨おおいと呼ばれる両脇の羽は黄、翼の風切り羽の上側と尾羽の一部は青、目の周りは白。ワシ鼻でカラフルな羽が特徴的なこの鳥は、コンゴウインコ。力が強く、堅い実も割って食べられる。ブラジルでは、アララと呼ばれている鳥だ。インコ科の中では、体長、翼の長さが最大だ。キーキー声、低いしわがれた大きなさけび声、その声は、何マイルも遠くのかなたに届くらしい。
僕が見たのは、赤コンゴウインコで、ベンとはかなり仲が良いらしく、楽しそうだ。しばらくして、今度は、羽の色が明るい青色が目立つルリコンゴウインコがつがいで飛んできた。僕はびっくりして見とれていた。ベンが来たので、赤コンゴウインコが鳴いて合図をしたのかも。そこで、急いで飛んできたのかもしれない。四羽とベンは、大きな声で仲良く話をしていた。
コンゴウインコたちは、ただ話をしていただけでなく、ときどき美しい羽を広げ、美しさを誇らしげに見せるように、ぐるっと回ったりしていた。さすがブラジル。リオのカーニバルに出たら、さながら、ひときわ目立ち中心になって踊る踊り子のようだ。姿は美しいが、声はまるでダメ。天はこの鳥に二つのモノを同時に与えなかったのだろう。彼らはしばらく話をしてから、それぞれ二羽ずつ、別々の方向に飛んでいった。

コンゴウインコは、ペアでよく森林を飛ぶことも多いらしい。僕が見たペアも、ラブラブで、ぴったり寄りそっていた。

ベンが言うには、ここアマゾンでは、サルも、三十種類以上、インコは、四十種類以上もいるらしいから、僕が出会ったのは、そのうちのほんの少しということになる。

今度は、パタパタヒューと飛ぶ、ブラジルの国鳥オオハシ（トゥカーノ）が、木の上で何か実をつついているのに会った。大きな黄色のくちばしは、二十センチぐらいあり、まるで包丁の先のようだ。このカラフルで大きなくちばしと小さい目の持ち主は、くちばしがあまりに大きいので、止まっていると足の短い胴長（どうなが）の人間みたいだ。それがまたかわいい。

くちばしは、種類によって、赤、黄、緑と、派手（はで）な色があるみたいだ。このくちばし、一見重そうだが、実は中はからっぽなので、見かけほど重くないとベンが言っていた。

オオハシは、キツツキの仲間だ。オオハシという名は、くちばしが大きいからつけら

れたそうだ。オオハシの〝ハシ〟は、くちばしをさすんだそうだ。前に日本の動物園のふれ合い広場という所で、オオハシが腕(うで)に止まったことがあったので、オオハシの姿がとてもなつかしかった。ベンは、

「好奇心旺盛(おうせい)で、人なつっこい鳥だよ。でも、野生の鳥だから気をつけて」

と、僕に注意してくれた。そして、食べるのに夢中になっているオオハシに軽く会釈(えしゃく)すると、その場を離れた。

ベンは、森の中で、数えきれない鳥たちと挨拶(あいさつ)していた。森の中は、動物や鳥たちが楽しそうにさえずり、〝生〟への賛歌にあふれていた。それからまた少し飛んでいると、ベンと同じスズメの仲間、ベニタイランチョウ

という鳥が止まっていた。ベンより少し大きく、全長十五センチぐらいのオスで、頭上とお腹や下面の方が濃い赤色で、くちばしと背中は黒い鳥だ。ふっくらしたベンと比べると、姿、形はかなり細身で、身が軽そうだ。このベニタイランチョウ、オスは華やかな色をしているが、メスはお腹の所は淡い色で、上面は濃い灰色と、かなり地味な鳥らしい。ベンは、自分の仲間に会ったように、とてもうれしそうに近づいていった。この鳥も「チュリン」と鳴いて合図をしていたが、ベンほどはしゃぐ様子もなく、相変わらず枝に止まって、ひたすら空中を見つめていた。ベンによると、彼は、哲学者で、普段はこのように考えをめぐらしてお気に入りの枝に止まっている、とのことだった。英語のthinkingから〝シンク〟と呼ばれているらしい。

「でもね、このシンク、ただの哲学者じゃないんだ。蚊やブヨ、ハエ、バッタなどを見つけると、とまり木からあっという間に飛び出して、空中で捕まえてしまうのさ。そのとっさの判断力はすごいんだ。そして何事もなかったかのように元の木の枝に止まって、また考え中って感じさ」

とベンが話してくれた。哲学者・シンクの、何事にも動じない姿にもおかまいなしに、ベンは一方的に話しかけ、仲間のベニスズメの様子を聞き出そうとしていた。

　そして、自分だけ森の動物たちと話していて僕がつまらないのでは、と心配してくれたのか、ベンは僕の顔を見ながら話をしだした。

「あのね、さっき森の精にお会いしたアクレ州という所、あそこは森の精にとっても特別な所なんだ」

「特別な所？　どういう意味？」

　僕は、ベンの顔を見ながら、次の言葉を待った。

「実は、あの地は、自分の信念をつらぬき、命を投げ捨て、世界最初の環境保護活動を行ったとして知られている、ブラジル人のシコ・メンデスの故郷なんだ」

「そのシコ・メンデスという人は、どんな人だったの？」

　僕は、すぐさま聞いた。

「うん。彼はね、ゴムの木から樹液を採取する人で、環境保護活動家でもあったのさ。かつてこのブラジルのアマゾン河地域は、世界的な天然ゴム需要の中心にあり、ゴム景気で栄えていたんだ。地域の人口は六倍に、収入は栄えていた六十年の間に十二倍にもなったと言われているんだ。

　ところが、そのゴム景気も、二十世紀初頭の一九一五年ごろまでには、終わってしまったんだ。この後もアマゾンでは、熱帯雨林のゴムやブラジルナッツの採集が続いていたんだ。ところが、その後、一九七〇年ごろから、ブラジル政府は、広大なアマゾンを開発、特に牧場や、農園、鉱物資源などを、積極的に開発する政策をとり出したんだ。そして、道路を造ったり、大規模なダム計画が始まったりしたんだ。これは、私が、さっきアマゾンの森林破壊がどうやって進んでいってしまったのか、ものすごいスピードで森林が破壊されていっている話の中で話したことなんだけど、覚えているかい、ウィル?」

「もちろん覚えているよ」

「うん、よろしい。ちょうどこの開発の嵐が吹き荒れていたころ、シコ・メンデスもまた、その嵐のまっただなかにいたんだ。彼は、ゴムの木の生える熱帯雨林をどんどん伐採し、森林破壊を推し進め、次々と牧草地を広げていく牧畜業者に反対し、全国的な熱帯雨林保護活動を展開していったんだ。でも、それにいらいらした大土地所有者が放った暗殺者によって、一九八八年に殺されてしまったんだ。その時彼は、四十四歳だったそうだ。彼の死は世界の人々をも動かし、開発か保全かの論争に拡大し、ブラジル政府も無視できなくなり、その後の政府の環境に対する取り組みを前進させること

につながっていったそうだよ。

森の精は、彼とも会ったことがあるし、応援していたので、とても悲しかったと話していたよ。今もこのアクレ州では、大半をアマゾン森林ジャングルが覆(おお)い、ゴムの製造や輸出(ゆしゅつ)も有名なのは、彼の働きも大きいと思うよ。そういうわけで、アマゾンの森はどこもお好きな森の精だが、彼と出会った思い出の地、ここがとりわけ気に入っていらっしゃるのさ」

「へえー、そうなんだ。その人は、とっても勇気のある人だったんだね。森の生き物にとっても恩人、いや、僕たち人間にとっても、大事な人だったんだね。亡くなってしまったのは悲しいけれど、今より四十年以上も前から、アマゾンの森のことを本気になって心配し、命を投げ出し闘(たたか)っていた人がいたということがうれしいし、心が温(あたた)かくなるね」

「うん、そうだね。他にもいろんな人がいたらしいけれどね。森の精がよくなつかしそうに話をする女性画家がいるよ」

「女の人?」

「そうさ。マーガレット・ミーという英国の画家だよ。彼女もまた、一九五六年から一九八八年の三十二年間で、アマゾンを十五回旅行し、マラリアや数々の危険に何度も出遭いながら、勇敢に挑戦し、珍しい植物を採集し、保護していたんだ。そして植物画を描きながら、大規模な熱帯雨林の乱開発による動植物の絶滅への恐れなどあらゆる機会をとらえて、政府や世界へ、アマゾンの未来への警告を発しつづけていったんだ。植物学の専門家、芸術家、自然探検家、環境保護活動家でもあった人だよ。

アマゾンのスケッチや、変わりゆくアマゾンの地を日記に書いていたんだけど、これが本になり、欧米でも大反響を呼んだそうだよ。

なにしろ、このころ、一九八七年の一年だけで、スイスの国土の五倍くらいの森林が、焼き畑などでなくなり、失われていったそうだ。

彼女の最後の旅となった十五回目のアマゾンの旅は、長い間願っていた、ムーンフラワーという夜に咲くサボテンを描くこと。この花は、野生の状態で開花を観察されたことがなく、花は毎年咲くとは限らない。開花は一回限りで一晩だけ。なかなか出会うことが難しい花だそうだ。でも、この時、見ることができたんだ。彼女は、七十九歳の誕生日を迎えたこの地で、体力、気力、智力、すべてに抜きん出て、すぐれた人だったんだろうね。すごい人だよ。開花は、そんな彼女へのごほうびだったのかもしれないね。

でも残念なことに、その年にイギリスで、交通事故で亡くなってしまったのさ。シコ・メンデスが殺される二十二日前にね。期せずして、この年、アマゾンに大きな役割をはたした二人が相次ぎ亡くなってしまったんだ。今も、この二人の遺志（いし）は、りっぱに受け継がれているよ」

「うわあー、すごい人だね。でも努力もいっぱいしたんだよね、きっと」

第九章　アマゾン流域(りゅういき)をめぐる

(一) アマゾンカワイルカとマナティとのふれあい

僕たちは、アクレ州から、アマゾン河の支流ネグロ川に沿い、アマゾナス州の州都・マナウスまでの道を飛んでいた。

広い海のような川は、森とは違い、太陽の光を浴びてキラキラと輝(かがや)いていた。

ネグロ川は、二千キロ以上の長さもある大きな川で、マナウスへと向かって流れている。

この辺りには、ネグロ川の支流が何本も流れている。今、その一つで中流域(ちゅうりゅういき)ぐらいにある支流、広いウニニ川を飛んでいる。眼下(がんか)でイルカが二頭遊んでいた。潜(もぐ)ったり顔を出してみたりして、ブァーという音がこだまのように響(ひび)いている。そして飛び跳ね

て、大きな水しぶきをあげていた。アマゾンカワイルカというイルカらしい。

「イルカって、海にいるよね?」

僕はベンに聞いてみた。

「大昔、約四億年前ごろのことだがね、ここ、アマゾン河が流れるアマゾン平野は、東と西から海が流れ込んでいたらしいんだ。でも、大陸が分裂(ぶんれつ)したり、造山活動(ぞうざんかつどう)があったりして、六千メートル級のアンデス山脈が生まれ、海の水が流れて行く所を失ってしまったんだ。そして淡水湖(たんすいこ)になったそうだよ。もう少し詳しく話すね。エヘへ、ちょっと勉強したんだ」

と言って、ベンは話しだした。

「ウィル、私たちが住んでいる地球だけど、内部がどうなっているか考えたこと、あるかい? 私たちが知っている地球は、実際は表面のごく一部。ということで、地面の下をのぞいてみよう。

地球は、地球自身の熱・地熱を持ち、自分を温めているんだ。もちろん太陽の熱でも温められているよ。じゃ、その熱って、どこにあると思う? 地球がどのように組み立てられているのか、構造(こうぞう)を見てみよう。

まず、地球の一番外側にあるのが地殻。おもに、花崗岩質、玄武岩質でできていて、岩石質でとても薄い層だよ。

その下にあるのがマントル。これも成分は岩石だよ。とっても厚くて、約二千九百キロの深さまであり、上部マントル、下部マントルに分かれているんだ。このマントルは、地球の体積の約八三パーセントを占めているんだよ。

マントルは、岩石でできているので、固体なんだけど、熱い部分と冷たい部分がある。熱いものは上に、冷たいものは下になるという熱の循環運動によって、長期的にみると、液体のように流れて動く性質が働くんだ。これをマントル対流と呼ぶんだよ。これ、覚え

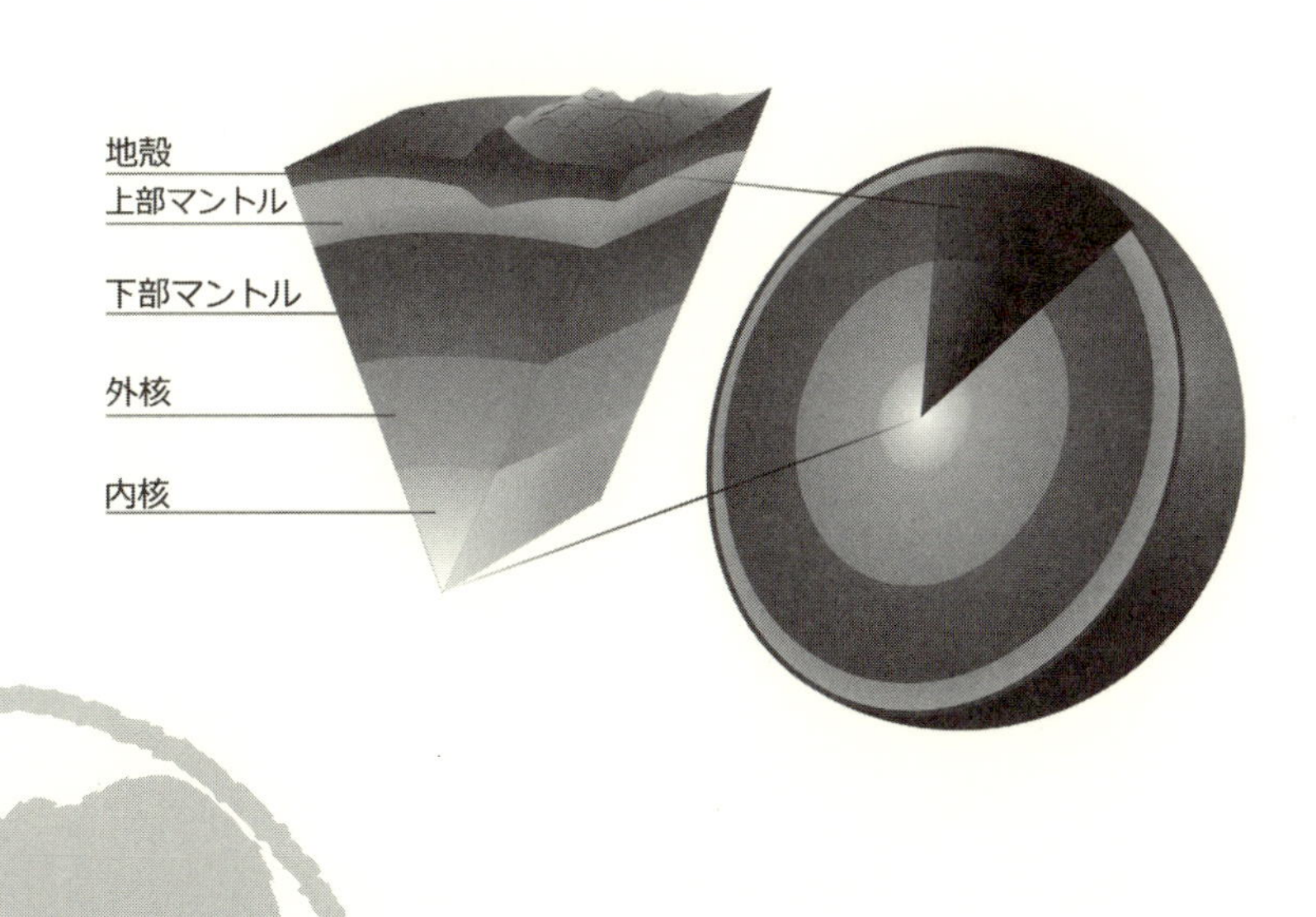

ていてね。

さらにその下が地球の中心部分で一番深い所にある核というもので、金属が主成分だと考えられているよ。この核が地熱の元さ。核の外側、外核は約四千度、内側の内核はもっと高温だよ。

これで、地球の構造がおおよそわかったね。

じゃ、いよいよアマゾンカワイルカが、アンデス山脈ができて、取り残されて、海へ行けなくなったお話。もうちょっと難しい話をするよ。

よく、太平洋プレートがとか、プレートって言葉、聞かない？　このプレートって、とっても重要なんだ。地殻は一枚の岩盤でできているのではなく、十数枚のプレートに分かれているんだ。では、このプレートはどのようにできるのか。

深い海底には、山もあり、谷もあって、長く続く海底山脈もあるんだ。この海底山脈の中央の頂から吹き出た高温のマントルが冷えて固まると、プレートができるんだ。このプレート同士がぶつかって盛り上がると、山脈ができるんだ。こうしてアンデス山脈も生まれたんだ。このプレートを動かす元の力が、マントル対流さ。

マントル対流は、陸地をも動かすパワーがあるんだ。今も、世界の大陸は、マントル対流によって年に数センチずつ動いているんだよ。世界の大陸も、もともとは一つの大陸だったという説が今、言われているんだよ。長い地球の歴史の中で世界地図も変わって行ったんだね」

とベンは難しい顔をして、さらに話しだした。

「地球のマントル対流の力やプレートの存在というものすごいパワーのこと、わかったかな？　しかし一方で、私たちが地球で生きていけるのは、地球を取り巻く大気の中に微妙にある温室効果ガスの量がちょうどいいバランスの中でしか成り立たないこともわかるよね。

今や、そのバランスを、私たち人間の力で大きく変えてしまうこともできてしまう。その結果、地球温暖化が現実に迫っていることもわかるよね。

私たちは、地球の二つの面を知ったのだよ。『ものすごいパワーのある地球』と、『傷つきやすい地球』とをね。

私たちの力では、どうしようもない自然の力もあるけれど、守れる力もあるよね。

世界の大陸は、もともと一つだったということも、わかったよね。だからこそ、かつて世界が一つであったように、世界のみんなが力を合わせて、このかけがえのない地球

を守って行かなければならないのだと、改めて強く感じるんだよ。実は、このことも考えてほしくて、プレートの話をしたんだ。

話がそれてしまったけれど、こうしてアマゾン平野の中に巨大な淡水湖ができ、そしてその時取り残されたイルカがこの川で生きていけるように進化し、アマゾンカワイルカとなったんだそうだ。だから生きた化石とも言われているんだよ」

僕はベンの話に心を奪われた。だって、そのとおりだと僕も思ったんだ。

ベンの話を聞いて、しばらくの間、僕はボーッと考え事をしていた。ふと川面を見たら、目が覚めるようなピンク色の大きなモノが目に飛びこんできた。何?って、僕がなおもよく見ると、パパから前に聞いたことのあるアマゾンピンクイルカが、川の上で静かにじーっと頭をちょこっと出して、少し遠くから僕たちの方を見ている。ちっとも動かないので、僕はベンに、

「ねえ、ベン。ピンクイルカだよ。こっちを見ているよ。何かお話ししたいのかな」

長旅で少し疲れ気味なのか、やはりボーッとしていたベンがハッと我にかえり、突然、大きな声を出した。

「ピンクちゃんだ」

と海面に向かって急降下、僕はあやうく振り落とされそうになったよ。細長い口先が特色で、きれいなピンクの洋服を着た、チャーミングな女の子だ。彼女の方も、

「やっぱりベンだ。さっき、ウニニ川でベンを見たのよ。で、追いかけてきたの」

とうれしそう。

僕は、生まれて初めて、イルカの背中に乗せてもらった。ときどき、ピンクちゃんが、わざとふざけて揺らすから、僕たちは、そのたびに背中にピタッとくっついて、キャッキャッと言って遊んだんだ。

「楽しかったー。忘れられない思い出になりそうだ」

僕たちが今いるここは、ウニニ川より

ちょっとマナウス側、北西に約二百キロ離れたネグロ川の支流ジャウー川だ。ピンクちゃんは、この場所はね、と言って話し始めてくれた。

「中央アマゾン自然地域郡といい、ブラジルの世界遺産の一つに指定されている所よ。最初、二〇〇〇年にジャウー川の全流域を保護する目的で、ジャウー国立公園が作られたの。この公園内は、低湿地帯にある森林と高台にある森林の両方があるので、地球上で最も豊富な生態系を持つ場所の一つよ。続いて、二〇〇三年に、私たちが住んでいるジャウー川のブラックウォーターと言われている場所が、いっしょに保護されることになったの。そこは、私たちイルカやマナティなど、約百二十種の哺乳類の繁殖地でもあるの。それに電気ウナギなど三百種類以上の魚や、ワニなど十五種の爬虫類もいるわ。私たちにとっては、とても住み良い所なのよ」

と話してくれた。

「そうなの、ステキな場所なんだね」

と僕は言った。

「あっ、そうだ。私の友達のマナティに会って行かない?」

とピンクちゃんが提案してくれたので、紹介してもらうことにした。

ピンクちゃんの目は、とっても小さいけれど、視力はすごくいいし、それに頭の部分を広い範囲で動かせるから見通しもきくし、運転手としては頼りになるドライバーだった。体長も二メートル以上と大きいし、おまけに背中には三角形のコブがあるから、つかまる所もある。僕たちは、大きな船に乗って川を安全に航行しているって感じだった。

「ねえ、ピンクちゃん、マナティってどんな子なの?」

僕は見たことのない動物に興味津津。ピンクちゃんが説明してくれた。

「マナティは、ここアマゾン以外にも、アメリカやアフリカにも仲間がいるらしいの。ここにいるのは、アマゾンマナティで、仲間の中では一番小さいらしいわ。小さいといっても、私たち、アマゾンイルカの二倍、大きい大人のマナティは三倍以上の体重があるのよ。あまりに大きいので、海の牛、海牛類って言われているわ。ねえ、ジュゴンって知っている?」

「聞いたことあるけど、見たことはないよ」

「姿がマナティとよく似ているみたいよ。でも、ジュゴンは海にいるのよ。マナティは、塩分がダメなの。だから、川や真水にいるのよ。両方とも、海牛類だけどね。

マーメイドってわかる？　日本語だと人魚ね。上半身が女の人の体で、下半身が魚の想像上の動物。ジュゴンもマナティも人魚伝説のモデルとして騒がれていたわ。

　マナティは、先祖は牛よりゾウさんに近い仲間とも言われているの。なぜって、ゾウさんは鼻が長いでしょ。マナティには長い鼻はないけれど、食物をつみ取ったり、それを口の中に入れる様子が似ているらしいわ。

　なかには魚のようなアザラシのような動物、と言う人もいるの。身体は大きいけれど、性格は穏やかで、とっても優しいわ。好奇心が非常に強いし、人見知り、違うわね、動物見知りかしら？　全然しないの。人にもね。おまけに何の防御も持っていないので、簡単に捕まって、多くが良質の肉として食用にされたり、丈夫な皮が狙われたりして殺されてしまったの。ひどいわよね。信じていたのに、裏切られ、殺されちゃうなんて。それで、絶滅の恐れがあるので、かなり前から国際保護動物になっているのよ。各国の法律でも保護されているわ。それでも、残酷な密漁者がルールを無視して、平気でマナティをおそうらしいの。

　さらに、行き過ぎた森林伐採や金の採掘などで川が汚染されたので、マナティも環境の悪化に苦しんでいるわ。もちろん、川の汚染は、マナティだけの問題でないけれどね。私たち、川底のカニや小魚を食べるイルカも被害を受けているし、多くの動物や植物もね。マナティは、水草など、水中に住んでいる植物が大好きなの。植物が川の汚れた水を大量に吸収すれば、ほとんどの食物をそれらの植物から大量に取っているマナティは、毒素を排出する知恵がないので大変よ。進化の過程で、いつかそれも克服できるかもしれないけどね。今はまだね。マナティは川をきれいにするお掃除係もしてくれているのに、ひどいわ。

おまけに、マナティのメスは、二年から五年に一頭しか子供を産まないんだって。アマゾンでも、環境保護は行われているのよ。でも、マナティの生活環境は悪化しているので、数が減りつづけているみたい。このままでは、野生のアマゾンマナティは絶滅するかもしれない、と皆心配しているの。

私たち、アマゾンイルカもね、マナティと同じように絶滅危惧動物として、この地では保護されているのよ。ウィルは絶滅危惧動物ってどういうことか、わかる？」

いきなり聞かれて、僕はしどろもどろに答えた。

「えっと……いままでずうっと受け継がれてきた命が、とだえる恐れがある動物っていうことだよね」

「そう、正解よ」

僕は、内心、ホッとした。

「生き物の絶滅は自然におこることなんだけれど、その絶滅のスピードが、今、過去にないくらいのスピードで進んでいると聞くわ。その原因は、ほとんど人間の活動によるらしいのよ」

「生き物の絶滅も？　CO_2の排出も、川の汚染も、土が赤土となって回復ができないような荒地となってしまうのも、原因はほとんど人間だし、人間のせいばかりだね」

僕は、申しわけない気持ちで、人間として、穴があったら入りたい気持ちだ。だって、ここにいる人間は、僕だけ、人間代表だもの。なんとも、やり切れない。悲しい気分だ。

「そうよ、今、ウィルが言ったこと、すべて別々のようだけれど、つながっているもの。CO_2の吸収が少なくなって、世界の温暖化が加速、動植物も環境に対応できなくなって、生きられないものも出てくるでしょう。

自然の下では、バランスよく生態系が維持されているのに、ひとたびそのバランスがくずれてしまうと、ガタガタと積み木がくずれるように悪い方向に向かってしまうのよね」

とピンクちゃんが、悲しそうに言った。僕も本当にそう思う。同感だ。なおもピンクちゃんは、厳しい言葉を言った。

「自然破壊だけでなく、野生の植物をみだりに採りすぎたり、野生の動物をみだりに獲りすぎたり、などの人間の行いも、世界中の生き物を、絶滅や、絶滅の危機に追いやっているわ。

ねえ、ウィル、生物多様性という言葉は知っている？　そして、どうしてそれが大事なのか、わかる？」

と、またまたピンクちゃんがするどく切り込んできた。僕は答えられなかった。するとベンが、

「それは、私が代わりに答えるよ。これも大事なことで、森の精から教えてもらっているからね」

と助け船を出してくれたんだ。一言で言うとね、とベンが話しだした。

「この地球上にいるたくさんの種類の動物や植物、生き物のそのすべてが、お互いにつながり合って生きている。もちろん人間もだよ。そして、それぞれが多くの恵みを与

え、受けて、生きているのさ。これを、生物多様性というのさ。動物や植物、たくさんの生き物の絶滅は、こうした命のつながりがなくなってしまうことなんだ。

それは一番その恵みを受けているかもしれない人間にとっても、ピンチだからね。

絶滅の危険がある野生動物が載っている、『レッドリスト』というものがあるのだが、かなり前のデータでも、絶滅危惧種は二万種近くあるらしいんだ。これには植物などは入っていないから、実際は、もっと多いよ。

地球の生き物は、地球が寒くて冷たくなったり、火山の大爆発で地球の大気が温められ、温暖化が進み、温室効果ガスの一つ、メタンが酸素と結びつき地球にある酸素が少なくなって生き物が絶滅したりと、今までに五回の大絶滅があったんだ。そして、人間の環境破壊が六回目の大絶滅をおこしてしまうのでは、と心配している科学者もかなりいるんだ。

地球の温暖化と同じように、真剣に考えていかなければね。

それにね、人間も含めて、地球上に住む生き物は、共通の祖先から生まれ、そこから変化に富んだ生き物が生まれたとも言われているし」

「えっ、じゃ、僕の苦手なヘビも、僕といっしょ？　魚も鳥も、同じ祖先かもしれないということなの？」

「ああ、そうさ。それはね、地球上の生き物は、すべて、細胞を主に作っている『タンパク質』と、遺伝子の『DNA』と、その二つを結びつけている『RNA』というのがあって、この三つの働きで生命活動を行っているんだって。だから、共通の祖先からと考えられているようだよ」

「うわあ、びっくり！　じゃ、なおのことこの地球に生きている、たくさんの命も大事にしなきゃいけないよね。なにしろ、ずーと昔から僕たち、みんな兄弟だものね」

「本当、その通りだわ。あっ、そろそろ私の友達、マナティがいる川のほとりに着くわ。マナティはね、昼間は水の中でじーっとしていて、呼吸をする時だけ鼻の穴を水面に出して、後は静かに音も立てずにいるのよ。私の友達のマナティは男の子よ。甘えん坊で、好奇心が強いの。人間も好きよ。泳いでいると寄ってくるわ。かわいいしゆかいな子なので、私は〝ナイス〟と呼んでいるのよ。〝ナイス〟は、身体にさわってもらうのが大好きよ。特に背中をなでてもらうと気持ちがいいらしいの。ウィルもナイスをなでてあげて。そうすれば、すぐに友達になれるわ」

ピンクちゃんはそう言うと、

「ナイス！」

とマナティを呼んだ。すると、一匹のマナティが水の中から顔を出した。目は小さいが、よく見るとかわいらしい顔をしている。前足はヒレ状になっていて、ゆっくり泳ぐ時はこの前足を、船を進める時のオールのように使って泳ぐ。速く泳ぐ時は、尾ビレが水を押し進める推進力（すいしんりょく）となる。背泳ぎも得意だ。

僕も、「ナイス！」と呼んで、背中をなでてやったら、うれしそうに僕を見ていた。

マナティは好奇心が強いので、人間たちがやってくると、ボートの近くまで寄って行ってしまい、ボートの底にあるモーターでけがをしてしまうことが多いらしい。人が大好きなナイスも、先日、それでけがをしてしまっ

たらしい。ピンクちゃんが心配して、

「ナイス、だいじょうぶ？　治った？」って聞いたら、前足でもある二本のヒレを体の前で合わせるようにして、ニッコリと自分の顔をなでた。その姿は、まるで、

「エヘヘ、失敗しちゃったけれど、もうだいじょうぶだよ」

と言っているように見えた。

それにしても、なんて、ナイスはかわいいんだろう。この心優しい動物が、いつまでも穏(おだ)やかに暮らせますように。僕は心の中で祈らずにはいられなかった。

僕たちは、ナイスと遊んでいるピンクちゃんと別れて、出発地マナウスの方向に向かって飛んだ。そしてアマゾン河の下流をめざした。

どれぐらい飛んだだろうか。かなりの時間飛んでいる気がする。

と、その時だった。川の岸から大空に向かって、黄色の塊(かたまり)が飛んでいった。なんだろうと目を見開くと、それは、何十万という黄色の蝶(ちょう)だった。蝶(ちょう)たちは、風に舞う満開の花びらのように舞い上がりながら、対岸から対岸へと西から東へ向かって、川の上をひっきりなしに飛んできた。それは、黄色の画面のままスローモーションの映像が続いているようで、夢のような光景だった。

僕は、ポカンとして、空をしばらく見ていた。蝶の大群は、途切れることなく、しばらく続いた。ベンも初めての出会いだったようだ。そして、独り言のように言った。

「森の精が前に話されていた、あの蝶かな」

ベンは僕に話してくれた。

ネグロ川の上流、マナウスから八百五十キロも離れた所にある田舎町、サンガブリエル。ここはアマゾンの北限の山岳地帯で、ベネズエラやコロンビアの近くにある所で、自然がいっぱいの町だ。ここには、クリクリアリと呼ばれる山々がある。この山々は、ふもとから見ると髪の長い女性が横たわっているように見えることから、〝眠れる美女〟と呼ばれているそうだ。山々の前には広い川が流れている。少し上流には、すばらしい眺めの滝がある。その下の砂浜の縁には泥の塩分があり、そこへ黄色の蝶の大群がミネラルを補給しに来るらしい。

僕は、まだ見たことがない、ネグロ川に面しているという自然がいっぱいの小さな町へ蝶たちが来るという光景を思い描いていた。眠れる美女と蝶たち。ファンタジーのようなその町を。

はたしてその蝶たちが、僕たちに姿を見せてくれた蝶たちと同じで、サンガブリエルからの帰路なのか、僕には本当の所わからない。だが、蝶たちは美しい姿で舞い上がり、飛びながら、自分たちの存在を身体いっぱいで表現し、僕の目に忘れられない姿を強烈に焼きつけ見せてくれたことだけは確かなのだ。

（二）心優しき先住民の人たち

アマゾン河の流域には、人口も多く大型船が接岸できる港として、上流にはペルーのイキトスがあり、ブラジルに入って、上流の町・アマゾナス州のマナウス、そして河口都市としてパラー州のベレンがある。その他の州でも、ブラジル北部地域にある州の大部分はアマゾン河流域にあり、生い茂った熱帯雨林に広くおおわれている。アマゾン河は、この地域の真ん中を西から東へと流れ、大西洋へと流れていく。

僕たちは今、早朝の出発地マナウスに戻ってきた。そして今度は、朝とは逆に進路を変え、アマゾン河の流れに沿い、東へ向かっていく予定だ。

暑い。とにかく暑いのだ。この時季、晴れた日、マナウスの気温は、四十度をとうに超している。おまけに、太陽の熱をもろに吸収しやすい上空を飛んでいる。この暑さに

慣れていない僕は、熱中症になりそうだ。

マナウスの見慣れた港を後にし、しばらくたってから、僕はベンに、

「どこか涼しい場所でちょっと休憩しようよ」

と言ったんだ。あまりの暑さに、僕は汗だく。ベンは、そんな僕とは違い、涼しそう。しかし、あまりに暑そうな僕を見て、ベンは高度を下げてうっそうとした森の中を飛んでくれた。

ほんのちょっと飛んでいるうちに、奥アマゾンの川で遊んでいる子供たちの姿を見つけた。僕は、辺りを木々に囲まれたこの川に降りてみたいとベンに頼み、子供たちの側に行った。子供たちは三〜四人で、泳いだり、魚を探したりしていたらしい。彼らは、こうして遊びながら、自分たちも家族の一員として、食材をとっているのだ。

中には小さい六歳ぐらいの子もいる。先住民の子供たちだ。彼らはすでに文明と接触している子供たちなので、僕が行っても驚かず、真っ白い歯を見せ、笑いながら僕を迎えてくれた。とても明るく優しい子供たちだった。

身ぶり手ぶりで、僕も仲間に入れてほしいと頼んだ。わかったらしく、一人の小さい男の子、ジョゼフは、僕の手を引っぱって、川の中へつれて行ってくれた。この川は、アマゾンでも源流に近いので、川の水は冷たく、とても気持ちがいい。

さきほどまでの暑さがうそのようで、生き返った気分だが、広くてゆったりと流れているように見えたアマゾン河が、実は、流れが強くて速いことも実感、まごまごしていると流されてしまう。だから、流れと逆の方向に歩いて流れにのって帰ってこなければダメ。小さいジョゼフは、僕の手をしっかりとつなぎながら、そんな遊びも教えてくれた。棒のような物で、小さな魚も取っていた。とても人なつっこい子だ。

ひとしきり遊んだあと、ジョゼフが「家においでよ」と言うので、ちょっとだけおじゃますることに。

ジョゼフの家は、そこから少し離れた森の中にあった。彼らの家は、伝統的な工法で建てられていて、高床式だった。周りを囲っていないので、空気がよく通る。雨の多い雨季でも、洪水の被害も受けず、快適に過ごせるそうだ。屋根は防水効果のあるヤシを使い、屋根の内側もヤシを編んで作り、柱はやはり幹が固いヤシを使っている。異なったヤシの性質を上手に使って作られている。

家の中では、ちょうど森から帰ってきたジョゼフの父親ペドロと、ドミンゴという十二、三歳の兄がいた。今日は森では収穫がなく、川でピラニアと、シーラカンスと並

ぶ古代魚で生きた化石と言われているピラルクというアマゾンの巨大魚を獲ってきていた。ピラルクはめったに獲れるわけではないらしく、ごちそうだと言っていた。まもなく母親のマリアも畑から帰ってきた。畑では、さまざまな植物を育てているらしい。手には収穫したばかりのパイナップルや、イモ類を持っている。持っているのはキャッサバだ。ここではマニオクとかマンジョカと呼んでいるらしい。熱帯地方特有のイモだ。栽培が楽で、植えた後は手入れも不要で、一年以上放っておくと、サツマイモのようなイモの形になるらしい。が、生では食べられない。青酸性の毒があるのだ。

マリアが作り方を見せ、ごちそうしてくれるという。掘ったイモは、皮や芯を取り除き、細かくくだき、すりつぶして、しぼった物を液体としぼりカスに分けてそれぞれ火にかけて熱を加え、毒性を抜いたモノを食べる。しぼりカスは、根気よくフライパンで炒ると、黄色の丸いおせんべいのような物ができた。一方、液体の方は、名前はわからないが、収穫してあった葉物の野菜、それに子供が取ってきた小さな魚を入れて煮ていた。キャッサバは栄養が豊富で一年中収穫できるので、主食となっている。

森で狩りで捕えてきた獲物も、川で捕った魚も、すべてをその日のうちに食べるわけではない。くん製にして保存しておくのだ。くん製にしておけば、湿気の多いアマゾンの気候でも、貴重な肉や魚を、長期間保存可能だからだ。今日捕えてきたピラニアは、すぐにお母さんが、内臓を取り出し、中に塩を塗り込み、火に掛けていた。大きなピラルクは、僕たちのために、特別に今日、料理してくれた。感激だ。今日の昼食から早い夕食へと、たっぷり時間をかけていただいた。

なんというごちそう！　キャッサバで作ってくれたおせんべいはとても香ばしくうまい。キャッサバの液体に、ジョゼフたちが捕ってきた川魚の入ったスープのようなものも、味がよく出ていて、なかなかだ。

「うまいよ」と、ジョゼフのほっぺに両手を持っていき、ニコッとしたら、彼はとてもうれしそうに笑った。笑顔がとてもかわいい。

そして豪華なメインディッシュは、ピラルクだ。体長が二メートル近くあるようだ。とても大きいので、家族四人と僕たちだけでは、三分の一でも、一度にはとても食べられない。三分の一ぐらい料理し、あとは保存食にした。三分の一でも、食べきれないぐらいの量だ。塩と、香りの葉・ハーブを入れ、下味をつけ、フライパンのようなモノで焼いてくれた。これがまた、すごくおいしい。川魚特有のくせもなく、まるで白身の魚のよう。僕には、タイのように感じられた。

最後は、畑で採れたバナナ。日本人が食べるような室（むろ）で熟したバナナでなく、ちょうど食べごろのものを採って食べるのだ。採りたてのバナナは、なんといううまさ、そしてなんというぜいたく。

ジョゼフが人なつっこく天真らんまんなのも、この家族を見ていてうなずける。優しいお母さん、ちょっと厳しそうだけど大らかな性格のお父さん、そして弟思いの優しいお兄さん。僕もジョゼフはもちろんだが、この家族に違和感（いわかん）もなくすぐに打ち解けた。

お父さんは、おいしそうに食べているベンと僕に言った。

「遠慮（えんりょ）しないで食べなさい。私たちと君たちは友達、そして、君たちは大事なお客様だよ。もしよかったら、もう少し私たちとゆっくり話をしていかないかい？　今夜は泊まって、明朝早く出発してはどうかな」

僕はお父さんの優しさがうれしくて、涙がこぼれそうになっちゃった。

ジョゼフは大喜び。僕たちは、せっかくのご厚意に甘えて、この日は泊めてもらうことにした。

森の中のこの家は、とても涼しいが、僕はさっきから蚊にくわれたらしく、そこら中がかゆい。かきこわし、傷口をもぞもぞしていると、それに気づいたドミンゴが、奥から小さなビンを出してきた。薬用植物のコパイバのオイルだった。「これを傷口に塗るといいよ」と僕に渡してくれた。さっそく、傷口に塗ってみた。すると、かきむしったかゆい肌が、落ちついてきた。彼らは、蚊にも免疫ができているのだろう。落ちついている。

コパイバオイルというオイルが売られているのを見たことがあったので、僕もアマゾンの薬用植物、コパイバの名前は知っていた。先住民の人たちにとって、このコパイバの木から採れるコパイバオイルは、日々の生活から切り離せない万能薬となっているそうだ。

ドミンゴがそんなコパイバオイルについて話をしてくれた。

「産まれたばかりの赤ちゃんのへその緒の切り口に塗り、化膿を防ぐのに使うんだよ。また、傷、皮膚のただれや毒虫にさされた時などの外用や、気管支炎、ぜん息の薬などさまざまな薬効があり、常に手元に置いて使っているんだ」

続いて、父親のペドロも、

「コパイバは、今や、私たち先住民だけでなく、伝統医薬として、世界各地でさまざまな治療に利用されていて、今も各国の専門家が他の病気への薬効を調査研究している

らしいよ。文明人に多い花粉アレルギーなどにも、効くようだよ」

と話してくれた。

「花粉症かあ。僕の周りにもいっぱいいるなあ」

僕は、独り言を言った。

ペドロは、森の奥深く、ジャングルにあるコパイバの木の樹液を採取する仕事をしている、という。そして、

「コパイバは、ブラジル北西部のジャングル地帯に自生する、高さが三十メートル近くにもなるマメ科の高木で、このコパイバの幹にうず巻き形にぐるぐる巻いた状態のキリを使って穴を開けて、滴り出る樹液を採取する。この樹液がコパイバオイルさ。

コパイバの樹には十種類以上の樹類があり、なかでも、五つの花びらを持つ赤紫色の花をつけるコパイバマリマリがもっとも上質で、幅広い薬効があるとされるのだ。先住民の人たちは、代々この樹を傷めない方法で年間に少しずつ樹液を採取、大事にしているよ。コパイバマリマリの〝マリマリ〟はマリア様の意味で、〝女神の樹〟としてあがめられているのさ」

と説明してくれた。

しかし、薬効が大きいだけに、大企業による乱獲が始まり、このコパイバの樹も、樹液を採るために一度に大量の樹を切り倒してしまい、森の樹がなくなってしまう、とペドロはなげいた。

ここでも、アマゾンの森林破壊と、先住民の人たちの生活への恐れが現実に迫っている。

ペドロとドミンゴは、明日の朝早くから、コパイバの採取に向け、何日間もかけて森の奥深くジャングルへ出発する。

採集するには、雨季より乾季の今の方が、収穫量が多いらしい。コパイバの樹液がたまる小さなポイントが一カ所だけあり、そこに穴を開けて採る。ポイントを見つけるのは、勘の世界だ。ペドロは、父親の仕事を見て覚えたので、自分もドミンゴをつれて行くのだ、と話してくれた。

「ジャングルには、ジャガーなど危険な動物がいるでしょ。怖くないの?」

僕は、ペドロに聞いた。するとペドロは、

「もちろん危険はいっぱいあるよ。毒ヘビにかまれたらどの薬草を使うか。森の中でのどが渇いて水がほしくなったら、水筒のような木があるので、その幹をナイフでさき、

水を飲むといいとか。ジャガーに姿を見られたら危険なので、ヤシの葉で隠れ家を作るとか……。今、森の中でどうするか、子供たちに教えている」

と、にこにこしながら教えてくれた。こうして、代々、森で生きる術が受け継がれていくのだなあと、僕は感心しながら聞いていた。そして、アマゾンの森で最強と言われるジャガーについて知りたいと思い、ペドロに聞いた。

「私たちがオンサと呼んでいるジャガーは、ライオン、トラに次ぐ、三番目に大きいネコ科の動物だ。ここ、アマゾンは、他の所と違って天敵がいない。だから熱帯雨林(ねったいうりん)の奥地から開けた土地にでもジャガーはいるよ。水のある所も好きだから、沼地、池、川のほとりなどに住んでいることも多いんだ。泳ぎも得意で、川の中に入って魚を食べる。木登りが上手なので、熱帯林(ねったいりん)の森の中でも、もちろん生活ができる。肉食獣(にくしょくじゅう)であるジャガーは、森の中では、自分の身を隠せる所を選び、ねらいを定めたら、一跳びで相手を即死させてしまう。

普段の獲物(えもの)は、湖や川近くに住んでいるネズミの仲間のカピバラや、シカ、ナマケモノなどをねらうんだ。

カピバラは、地球上に存在する一番大きなネズミで、川辺で水中の草や木の葉などを食べて、群れで生活しているのさ。泳ぎも得意で、五分以上水中に潜って身を隠すこともできるんだ。でも、ジャガーも泳ぎが得意だからね。捕まってしまうこともあるよ。

一方、すばやく動けないナマケモノは、見つかったら最後さ。だからナマケモノは、木の枝にピタッと張り付いて丸くなっていて、遠目にはそれが木の一部のように見えるので、なんとか大型動物の襲撃を避けているようだがね。

ジャガーは、夜でも昼間でもどちらも行動できるから、私たちにも怖い動物さ。文字通り、アマゾンの王者だよ」

僕は、聞いているだけで怖くなった。昼間も夜も、泳ぎも、木登りも上手な動物。全く弱点がない恐ろしい動物。

「ペドロさんたちも気をつけてね」

僕は、明日から森の奥に入っていく二人が心配になって声を掛けた。二人は笑いながら、

「ありがとう、僕たちは、森の市民だからね」

と言った。

話をしているうちに、太陽が森の陰に隠れ、西の空が赤く染まってきた。

その夜は、ぐっすりと寝れた。

翌朝、僕たちはペドロさんたちが出発する前に出発することにした。

お世話になったのに何のお礼もできないので、リュックに少しだけ残っていたアメをジョゼフにあげた。

優しくしてくれたペドロさん一家と離れがたく、寂しかったが、先を急ぐことにした。

出発の時、ジョゼフが、また蚊にさされないようにと、アンジローバというオイルを塗(ぬ)るよう、すすめてくれた。アンジローバもアマゾンの薬用植物で、炎症(えんしょう)や切り傷に使われるが、特にオイルは天然の虫よけとなるらしい。僕は、たっぷり足など、出ている所に、塗(ぬ)らせてもらった。

いよいよお別れだ。

ジョゼフは、泣き出しそうな顔で、僕たちにいつまでも手を振ってくれていた。

さあー、シングー、そしてカラジャスへの道へ急がなくちゃ。

（三）シングー、カラジャスへ

僕は、森の精がなげいていた、大規模な開発で豊かな森が破壊され、今なお開発が進んでいるというカラジャス鉱山と、先住民族の人たちが多く住んでいるというシングー国立公園へ行って、この目で見てみたいと思っていた。

ペドロさん一家とお別れした僕たちは、ブラジルの中西部に位置する、マット・グロッソ州の上空にいた。ここは、さっきまでいた、アマゾナス州や、パラー州など六州と隣接、ボリビアとも国境を接している。ブラジルで三番目に広い州だ。北東部は草原地帯、南西部は有名なパンタナル自然保護地域の一部となっている。また、この州には河川が多く、そのうちの一つ、シングー川は、アマゾン河の重要な支流の一つで、マット・グロッソ高原を源流とし、北へ流れ、パラー州でアマゾン河に合流する。流域に住む多くの先住民を保護するために、シングー川の上流域に「シングー国立公園」が作られた。

この国立公園は、パラー州とマット・グロッソ州にかかる十八万平方キロメートルの

広さがあり、日本の本州の約二分の一にもなる広大な面積を持つ国立公園だ。ここには約二十部族、二万人近くの先住民の人たちが住み、いまだ貨幣経済も導入されておらず、独自の文化を受け継いでいる。

生活の一切を森と川の恵みにより営んでいて、ブラジル先住民社会の中でも特殊な地域だ。また、ここは、政府が永久保護区として承認、先住民の承認なしに開発を進めることが禁止されている。しかし、実際は、この公園の中は、珍しい動物や植物のすみかにもなっているので、不法侵入者が後を絶たないそうだ。だからと言って、先住民の人たちだけでは、森を守り、広大な土地全部を見張ることは無理だ。

僕たちの前方に、広大なシングー国立公園が見えてきた。

朝もやの中に横たわる原生林は、まさに別世界。緑にかこまれた深い森は、自然の雄大な姿を僕たちに誇示しているかのようだ。高い木々の緑につつまれ、中をうかがい見ることはできない。もちろん、入ることもだ。

ここには、次々と文明を発展させ、技術力を持って豊かな生活を手に入れてきた僕たちの生活とは違い、自然とともに生きる人たちが、生き生きと今を生きている。

ここには、いじめや引きこもり、自殺など、僕たちが、今まさにかかえているそれらの社会問題は存在しないという。彼らは平等であり、助け合い、固い絆で結ばれている。僕たちが忘れてしまっている大事なモノが、ここにはある。

豊かな生活って、なんだろう。僕は、会うこともないその人たちに憧れさえも感じながら、しばし目の前の深い森を見ていた。が次に僕が目にしたのは、信じがたい光景だった。

それは、木を切り倒し、燃やし、新たに開拓地を作ろうとしている姿だった。石油にかわる燃料、バイオエタノールの原料となる植物として、今、世界で注目されているサトウキビや、トウモロコシ、大豆畑の開発などが、急ピッチで進んでいるのだ。

開発は、シングーの森のすぐ近くまで進んでいた。森の精が、森林火災を心配し、シングーの人たちのすぐ側まで森林の破壊が進んでいるのをとても心配されていたのが、よくわかった。

開発により伐採が行われれば、後に残るのは砂漠のような大地だけ。大気は急激に乾燥し、残った木もちょっとのことで火事がおきる状況になっているという。そして、ひとたび森林火災がおこれば、すぐ近くのシングーの森も危険にさらされる。

空から見ると、はっきりと境界線がわかる。シングーの森だけが、陸の孤島のように

そびえている。その上、開発のための鉱物採掘、それにともなうアマゾンの水力を利用したダムの建設、流通ルートのための道路や、新しい生活のための道路、鉄道……こうして、環境破壊はどんどん進み、アマゾン河の本流に流れ込む支流さえも、汚染されているという。

森林の伐採だけでなく、森林火災の危険、数々の環境破壊。シングーの先住民の人たちは、ここに住み続けることができるのだろうか？　シングーの人たちだけでなく、あの心優しい先住民、ペドロさん一家のところにも、いつかはこのように開発の手が押し寄せるのだろうか。僕は、なんとも言えない無力感に陥った。それに、問題なのは、先住民の人たちの存続だけなんだろうか？　僕たちは、この地球を守っていけるのだろうか。

僕は、もう少しシングーのことを知りたいと思い、この地の図書館に行ってみた。

そこで、少しだけ心が温かくなることを見つけることができた。

このシングー国立公園は、ブラジルで最初に先住民保護区として認められた所なのだが、その陰には、先住民保護に生涯をささげたブラジル人、ヴィラス・ボアス三兄弟がいた。クラウジオ、レオナルド、オルランドの三人だ。

　彼らは、一九四三年、ブラジル政府が組織したこの地域の調査探検隊にそろって参加。シングー川流域に暮らす先住民族とも出会い、友情を育み、先住民の人たちが、キリスト教や森林開発、流行病という、外からの圧力に苦しんでいるのを見て、先住民の人たちの生活を守ろうと行動をおこすことを決意した。ステキな兄弟だよね。絆も強いよね。僕は一人っ子だから、こんな兄弟がいたらなあって、うらやましくなっちゃうよ。

　そして数々の苦難を経て、一九六一年にこの場所にシングー国立公園を設立することを考案し、かけずり回った。そして努力した日々が報われ、ついに政府から承認され、この国立公園ができた。

　初代公園長は、三兄弟の一人、オルランド。七年間務めたんだって。今から半世紀以上前のことだね。抵抗する力は大きかっただろうし、その道のりはさぞかし大変だったろうなあ、ということは、僕でもわかる。

　そして、それからずーっと、今も、先住民の人たちは、代々受け継がれた伝統を守り、森を傷つけることなく、川を汚すこともなく、自然とともに暮らし続けている。目まぐるしく変化する現代の中で、変わらないというのはすごいことだと思う。

できることなら、これからも、僕たちに代わって森を守っていってほしい。そして、三兄弟のようなヒーローが、ここにまた現れ、地球の危機を守ってくれるといいんだけれど。

さあ、次はカラジャス鉱山だ。

「ブラジルは世界有数の資源大国。鉱物資源の豊富さは、その膨大な埋蔵量からも十分わかる。そのうちの一つ、鉄鉱石の埋蔵量は四百八十億トンと見られ、なかでもここパラー州のアマゾン河東側のシングー川上流域近くにあるカラジャス山脈には、百八十億トンがあると見られている。確認された埋蔵量だけでも、今後、世界の五百年分の鉄鉱石の需要を満たすことができるそうだ。途方もない量で、もちろん世界第一位の埋蔵量さ」

と、ベンが教えてくれた。なおもベンは、

「ここは、初出荷が一九八五年と日が浅く、まだ一部の山脈の開発のみの量らしいが、すでに生産量は、世界第二位、しかも、これからもっと生産規模の拡張をめざすらしいよ」

と、言った。

資源のほとんどない僕の国、日本から見ると、うらやましい国だ。が、この時僕は、今問題になっているカラジャスが日本と深い関係があったなんて、知る由もなかった。

ここでは、パラー州に海外勤務していて、今はここに住んでいるパパの古くからの友人、辻のおじさんを訪ねることにした。辻のおじさんは、マナウスの僕の家で会ったこともあるので、初対面ではないんだ。

僕はカラジャス鉱山についてほとんど知識がないので、空から全体を見るだけでなく、おじさんにいろいろ教えてもらいたいと思った。実は、おじさんが、前に、「パラー州に来る時は連絡して」と、電話番号を携帯に入れてくれていた。僕は、パパより先輩の、このおじさんが大好きなんだ。そこで、携帯で、あらかじめ都合を聞いていたんだ。

おじさんは、僕がベンといっしょに来たのでびっくりしたみたいだったけれど、すぐにニコニコして招き入れてくれた。

僕は、ベンとアマゾンの森林破壊の現状や温暖化について冒険の旅に出ていることを話した。するとおじさんは、なるほどとうなずきながら、僕が知らないいろいろなことを、わかりやすく話しだしてくれた。

「カラジャス鉱山はね、ブラジルの資源、主に鉱物を扱う、世界的に有名なヴァーレという会社が経営しているんだ。ここは、この鉄鉱石を運ぶ鉄道や、船で輸出するために必要なすべての設備や港を持ち、他にも紙パルプ製造など多種類の事業を営む巨大企業なんだ。

　巨大な機械を使って、露天掘りという方法で鉄鉱石を採掘しているんだよ。ウィルは露天掘りってわかるかい？」

「僕、全然わかりません」

「そうだよね」

　と、辻さんは一人でうなずきながら、言葉を続けた。

「露天掘りとはね、鉄鉱などを掘るのに、坑を作らないで、地表から順々に掘って行く方法で、よく坑道と呼ばれる地下へと通じる坑、通路がないんだ。炭鉱を掘って行く人が、頭にランプを付けて地下へ入って行くのを、テレビや写真で見たことないかい？

　ウィルは今十一歳だよね。あれはもう五年ぐらい前だから、六歳の時か。じゃ、覚えてないよね。

　チリで鉱山事故があって、事故発生から二カ月後、地下にとじ込められた人々を全員救出し、奇跡の生還と世界中の人に感動を与えたことがあったんだけど……」

「あっ、それ、僕知っているよ。エレベーターみたいので地上に上がってきたんだよね」

「よく覚えているね」

「だって、毎日テレビでやってて、みんなが話をしていたもん」

「そう、この時は、坑道の入り口から五キロの位置、地下約七百メートルの場所で、作業員の人たちが仕事していて、事故にあったんだ。

露天掘りはね、この坑道がないんだ。じゃ、どうやって採掘するかというと、地表から渦を巻くように地下をめがけて掘っていくんだ。とても原始的な採掘方法さ。この方法だと、広い場所で、大きな機械が使える場所があれば、大型のシャベルで掘った土を大型ダンプに積んで分別し、工場の設備へ運ぶという一連の作業が、すべて機械だけでできるんだよ。

しかし、この方法は、必要な部分のみに坑を開けるのとは違い、目的とするモノを取り出すのには、これをおおっている森林全てをはがさざるを得ないからね。ただでさえ森林破壊が避けられないのに、開発で破壊の規模が拡大してしまう欠点があるんだ。結

果、熱帯雨林の大破壊はもちろん、ここで生きていた動植物の生態系の破壊も大きく進んでしまうことになっちゃうからね。当然、この環境破壊に対し多くの批判の声が出たんだ。

しかも、ここからだと、掘り出したものを、隣の州の大西洋側の遠く離れた港などの沿岸水域まで、運ばなければならないからね。鉱山開発は、鉱山だけでなく、鉄道、港湾などの設備も必要になるよね。結局、大カラジャス地域といわれる大きな一帯の大開発となってしまったのさ。

もともとここは、多種多様な動植物が生存する自然の宝庫だったんだ」

「うわあ、森の精も同じことを言ってなげいていました」

「そうかい。この鉱山の規模の大きさは、この鉄鉱石を運ぶカラジャス鉄道を見てもわかるんだ。効率的に運ぶため、機関車二両で百八十両の貨車を連結して運んでいるんだよ。これは、単純計算すると、一・八キロ延々と貨車が続いて走っていることになるからね。この間、全区間がコンピューターで、制御されているんだよ。

そして、鉄鉱石は、大西洋側の隣の州、マラニョン州のサン・ルイスにあるマデイラ港まで運ばれ、主にアジアに向けて輸出される。日本にも輸出されているんだ」

「日本もなんだね……」

「日本には鉱物資源がないからね。

　他にも、パラー州にあるアマゾン河の支流、トロンベタス川の流域で、アルミの原料、ボーキサイト鉱床が見つかったんだ。けれども目的のボーキサイトの地層に到達するためには、二十メートルもの厚みがあるので、大きな木々が犠牲になってしまい、すごく注目をあびたんだ。

　今では、ここは鉱山開発の中心地となり、日本はここで採掘されたボーキサイトを使って、アルミができあがる途中の段階、インゴットというアルミ地金を、ブラジルの会社から輸入もしているしね。

　資源がない日本にとっては、国内の生活を安定させるためにも、海外の国に助けてもらわなければダメなんだけれどね。

　それに、アルミをより良い質にするのには、精錬という作業が必要なんだが、これが、とてつもない電力を必要とするんだ。そこで、このカラジャス山脈の近くのトカンチンス川上流に、大きなツクルイダムを造ることになり、さらに環境破壊が進んでしまったのさ」

僕は、すごくショックだった。

カラジャスも、ツクルイダムも、トロンベタスも、日本がとても強く関係していたんだ。僕は、やっと森の精のなげきが本当の意味で理解できた気がした。

森の精が、

「豊かな国は、便利で、安いモノが簡単に手に入るけれど、一方では、自然破壊や、先住民の人たちの生活の場を奪ってしまっているということを、忘れてはいけないよ」

と言っていたことも、今、はっきりと自覚した。

〝日本には資源がないから〟なんて、簡単には、言いわけできない。僕たちの生活は、世界中の人たちに支えられてできているんだ、それがよくわかったよ。

この旅を通して、僕が知りたいと思ったアマゾンの森林破壊や地球の温暖化は、実は、僕たちみんなが部外者ではなく、加害者でもあったことに気づくことができた。辻さんのわかりやすいお話で、より理解が進んだのだ。

「これからは、カラジャス鉱山を今までとは違う目ではっきりと上空から見てみようと思っています。そして、アマゾン河の河口都市、ベレンへと足を伸ばしてみたいと思っています」

と、僕は言った。辻さんにお礼を言い、おいとましようとしたら、辻さんが、

「せっかくベレンまで行くのなら、トメアスまで足を伸ばして、アグロフォレストリーをぜひ見てくることを勧めるよ」

と言った。そして、

「アグロフォレストリーとは、英語の農業と林業の二つを組み合わせた言葉でね、混農林業といって、収穫期が異なる熱帯作物と、樹木を混ぜて植え、育てることで、住民の人たちの安定した収入につなげて行こうという方法で、森を作る農業とも呼ばれているんだ。

アマゾンでは森林破壊が問題となっているし、ウィルが今調べている、この旅のテーマ、森林破壊の現状や温暖化とも関係あるし、参考になると思うよ」

と教えてくれた。さらに、

「遅くなるようなら、トメアスに私の知人がいるので、連絡しておくから、泊めてもらいなさい」

と言って、メモに連絡先を書いてくれた。

実は、辻さんの話がおもしろくて、予定の時間をかなり過ぎてしまっていた。辻さん

は、そんな僕たちを心配して、さりげなくトメアス行きを勧めてくれたようだ。
この旅は、ベンとの二人？旅のつもりだったけれど、結局、パパや辻さんやみんなに助けてもらっている。この旅から帰ったら、パパやママにも感謝しなきゃいけないな。
そう思いながら、僕はちょっぴりホームシックになっていた。

第十章　アマゾン河口都市　ベレン

僕たちは、今、世界最大のカラジャス鉱山の鉱区の採掘現場を見ている。広大な敷地内では、巨大な機械が動いていて、上空からも渦巻状の地表がはっきりと見える。これがさきほど教えてもらった、露天掘りなんだろう。人はほとんど見あたらない。

僕は、あまりに大きいその姿に、少し前にテレビで見た『古代ミステリー』の番組で紹介されていた、空からだけしか全体像が見られないという古代の人が残した線描き、「ナスカの地上絵」をそのまま見ているような気がした。ただ違うのは、ナスカはだれがなんのために描いたのか謎だが、ここは紛れもない鉄鉱石の採掘現場だということ。カラジャス鉱山のスケールは、想像以上に大きかった。ここから採掘されたものは、八百九十二キロも遠く離れたサン・ルイスの積み出し港まで、延々とカラジャス鉄道によって運ばれ、海外へと輸出されて行くのだ。

僕は、この鉄鉱石を積んだ貨物列車を見てみたいと思ったが、あいにく見ることはで

きなかった。走っているところなら見られるかもしれないと思い、鉄道に沿って、サン・ルイスに向かって飛んでほしいとベンに頼んだ。

一時間くらい飛んだであろうか。サン・ルイスから戻ってきた空の貨車に出会うことができた。機関車四両、貨車三百六十両と、往路の二倍の長さの長い連結車両だ。三・五キロ以上もつながって走るわけだから、圧倒されるような眺めで、ただすごいの一言でしかない。

僕たちは、貨車を見ることができたので、サン・ルイスには行かず、ベレンを目ざした。

こうして僕たちは、南アメリカ西側のアンデス山脈から、ほぼ赤道に沿って東に向かって流れているアマゾン河の終点、河口へとついに到着した。

アマゾン河は、このブラジルのパラー州から大西洋へと注いでいる。

ベレンは、この河口の南岸にある港町で、海抜十四メートルの低地に広がるパラー州の州都だ。

ここは年間を通じて気温も高く、湿度が八〇から九〇パーセント前後と高温多湿の所で、着いてすぐにムッとした熱気につつまれた。

ベレン名物だというマンゴーの大木が街中に茂っていて、日中の日ざしをいく分やわらげてはくれるが、それでも強烈(きょうれつ)だ。地上に降りた僕とベンは、その大木の陰に入って歩き出した。ベレンは、スコールが多いことでも有名で、このマンゴーの実がなる十一月ごろには、雨や風で揺(ゆ)れた木からマンゴーが落下、通行人はマンゴー爆弾(ばくだん)の攻撃を受けるそうだ。でも、この実はだれが食べてもいいそうで、市民は楽しんでいるみたいだ。

港の近くには市場があり、ここでは朝早くから正午ごろまで、魚や野菜、果物などを売る、二千もの露店(ろてん)が並ぶそうで、地元の人や観光客でにぎわうらしい。でも、僕たちがここに着いたのは、午後も遅い時間だったので、残念ながらその様子は見ることができなかった。

ベレンは、アマゾンのスーパーフルーツと言われて、栄養価の高い、そして今、日本でもブームになりつつあるアサイーの産地でもある。ベレン市内には、アサイーと書かれた店がいっぱいある。僕たちは、市場の近くのスタンドでこのアサイージュースを飲んでみた。僕は木になるアサイーの実を見たことがないし、食べたこともなかった。冷たくておいしかった。アサイーの実をつぶしてジュース状にし、そこに砂糖とバナナの

果汁を入れて作るらしい。

「アサイーってどんな木？　どんな風になるの？」

とお店の人に聞いたら、おばさんは写真を見せてくれた。

アサイーは、アマゾンで自生するヤシ科の植物だ。その実は、濃い紫色で、ブルーベリーにとてもよく似ている。放射線状に伸びた何本もの枝に、びっしりと房状に実がつくらしい。

ベレンから二百三十キロ離れた場所にあるトメアスは、そのアサイーをプランテーション（大規模農園）で作っている所だ。

トメアスは、ベレンの郊外にある人口六万人ほどの小さい町で、日系人も多い。その人たちが、アグロフォレストリーという、環境にも負担の小さい独自の農法を考え出して成功、アマゾンを救う森づくりとして、今、注目を浴びているらしい。僕は、辻のおじさんから紹介していただいたトメアスに住む日系三世の佐藤さんのお宅へおじゃまし、アグロフォレストリーの森を見てみたいと思った。ベレンにも見所はいっぱいあるようだが、トメアスに急ぐことにした。ベンはトメアスには行ったことがない、という。ここまでずっと空を飛んで移動してきたので、ベンを休ませて地上を移動しよう、と思った。

　でも方向がよくわからないので、旅行社に入って聞くことにした。そこは運良く日系人が経営している旅行社だったので、日本語が通じた。「トメアスに行きたいのですが」と言ったら、

「君一人でかい？」

　とびっくりされ、

「車でも、四時間もかかるよ」

と言われた。僕は内心困ったと思ったが、ここであきらめるわけにはいかなかった。地図を見せてもらい、ベンに飛んでもらうしかないと思っていた。

　その時、側にいた一人の人が、

「田中さん、トメアスに帰るんじゃないかしら。ちょっと待ってて」

と奥に入っていった。

　しばらくすると、奥から三十～四十歳代の丸顔の人がよさそうな男の人が出てきた。

「トメアスまで行くんだって？　トメアスのどこへ行きたいの？」

　僕は、もらったメモを見せながらトメアスに住む佐藤さんのところへ行きたい、と話

した。するとその人は、

「佐藤さんなら知っているよ。私の家の近くだから、車で送ってあげるよ。乗って行きな」

と言ってくれたんだ。助かった、と僕はほっとした。

男の人は、田中と名乗った。こうして僕たちは、田中さんの車に乗せてもらい、トメアスを目差すことに。

田中さんは、アサイーを栽培(さいばい)、加工したものを市場へ届けて帰る所だった。

「アサイーは、どうして日本では、生の実が見られないの？」

僕は気になっていたことを田中さんに聞いてみた。

「アサイーは、収穫(しゅうかく)してから二十四時間以内に加工しないと味が落ちてしまうので、時間との勝負なんだよ。トメアスでも、農場は市場から遠いので、生のままではなく、果実をそのまま冷凍し袋詰めしたものや、実をすりつぶしてペースト状にしてパックしたものなどを、ベレンの市場に出荷しているんだ。トメアスでは、アサイーをアグロフォレストリーで栽培(さいばい)しているが、アサイーはアマゾン河周辺でも自生しているので、ベレンの港では、朝暗いうちから、アサイーの生の実がカゴいっぱいに入って売買されているよ」

「そうか、じゃあ、日本で生の実を見ることは難しいよなあ」

と、僕は一人でうなずいていた。

ベレンのビルが並ぶ都市部を一時間ほど走り、車はアマゾンのジャングルの中へとどんどん進んで行く。ベンは、暑さでバテたのだろうか、すっかり安心して寝ている。車に乗せてもらい、ベンを休ませてあげられてよかった、と思った。僕も疲れていて、眠かった。だって、ベンの背中では寝られなかったからね。飛んでいる時に寝ぼけて落ちてしまったら、大変だからね。それに、ベンが一生懸命飛んでくれているのに、僕がウトウトしているわけにはいかないよ。僕たちは同志だからね。助け合わなきゃいけないんだ。そんな僕の様子に気づいたのか、田中さんが、

「ウィル、疲れただろう。ベレンは暑いしね。トメアスにはまだ距離があるから、少し寝てもだいじょうぶだよ」

と言ってくれた。すごくうれしかったが、いやいや、運転してもらっててそれはまずいでしょ、と思い、せっかくの機会だから、田中さんとお話をすることにした。

空を飛ぶのとは違って、車なので、ジャングルの緑も匂いもすぐ側に感じられ、おま

けに田中さんがいろんなことを教えてくれたので、いつのまにか眠気はふっ飛んでいた。車は、途中、いくつもの橋を通り、川を渡って進む。田中さんの話は、どれも興味深かった。

「今、トメアスにはね、日系人が千人ぐらいしかいないけれど、かつては日本人ばかりだったんだ。日本から移住した人たちが入植した所だからね。今ではトメアスの人口のほとんどはブラジル人だよ。でも日系人は、いろんな分野で活躍しているし、学校、教会、診療所など地域への積極的な社会貢献も行っているんだよ。日系の人と、非日系の農園主などが協力し合って、アサイーなどの協同組合を作っているのもあるし、日系人が地域に溶け込んでいるよ」

など、ここまで来るには並大抵の苦労ではなかっただろう。言葉や習慣、マラリアなどの病気などで亡くなった人の話など、ブラジルへの日本人移民の歴史や、一世、二世の人のご苦労した様子を話してくれた。

かつては、トメアスは、見渡す限りの原生林だったそうだが、一世たちが開墾し、コショウ栽培で高収入を得、財をなした人もいた。でも、このコショウ栽培は、森を切り開いては焼く焼き畑農業で、耕作方法も、土地に合っていなかったため、病害虫にやられ、結局十五年で全滅してしまった。木を切り倒し、自然を大きく壊してしまったことを反省し、そして大規模な単一栽培では環境や景気の変化に対応できないということも学び、さまざまな作物の栽培に挑戦したらしい。何度も失敗して、やっとアグロフォレストリーが生まれたということも知った。今のような成功は、一夜にしてなったわけではなく、何十年もかかっていたのだ。

　トメアスのアグロフォレストリーは、一年目から収穫でき、三十年で森を作る農業と言われ、自然の森のような生態系が完成されるという。同じ土地でほぼ同時に樹木と農作物を育てる方法で、限られた資源の土地を、林業、農業と別々に切り離して利用するのでなく、総合的に利用していこうというものだ。森林破壊が進んでいるアマゾンでは、近年特に、各地で積極的な導入が進んでいるらしい。森林を伐採し、農業だけを行っていくと、土地はどんどん悪くなってしまうが、林業を組み合わせると、落葉や落ちた枝が自然にでき、それが微生物に分解され、土に戻っていき、結果、土は養分をたくわえることができる。

　ここでは、アマゾンの森の中のように葉切りアリの心配は、しなくていいようだ。

　このアグロフォレストリーは、人間が自然とともに生きていくためにも理想的だと、

専門家の先生も勧めているという。
一つの畑から絶えず収穫があり、さまざまな組み合わせで栽培することで多様な農産物が生産され、経済的にも安定した収入を得ることができる。かつてアマゾン流域に住むブラジルの農民が、森を牧草地にするために焼き、どんどん破壊してしまったり、土地を失った農民が焼き畑をしたりして、転々と土地を移らざるを得ないという悲劇を防ぐことにもつながる。日系の人たちが中心となって、その技法をブラジル各地に広めていく努力をしている。ブラジル政府や地元州政府でも、土地の定着につながるこの方法を奨励し、最近では日本の民間の技術協力事業と大学の連携プロジェクトも普及に力を注いでいるらしい。
また、この方法は、持続的に農業をしながら、荒れた土地を再生し、CO_2を吸収する植物や生物多様性の回復にもつながり、さらには世界の砂漠化や食糧危機にも役立つとされ、近年、国際的にも注目を集めるようになっているらしいこともわかった。長い苦難の末にこの方法を考えついたブラジル日系人の人たちを、僕は、同じ日本人として誇りに思うし、拍手したいと思う。
この旅で、僕は、アマゾン森林破壊の現実と開発という難しい問題に直面したが、最後の最後になって、少し明るい光が見えたような気がし、うれしかった。人間のすぐれた知恵を出し合っていけば、アマゾン森林破壊も、地球の温暖化も、きっと乗り越えていけ、この地球を守っていくことができるのだと信じたいと思った。

もうすぐ僕とベンとの旅は終わる。明日は久しぶりのわが家だ。

二泊三日の僕たちの旅は、充実した旅だった。

きっと久しぶりに見る見慣れたアマゾンの景色も、三日前とは全く違って見えるだろう。僕は、ちょっとだけ大人になった気がした。いつのまにか起きていたベンも、僕たちの話を聞いていた。

こんなステキな旅ができたのも、ベンのおかげだ。僕は、

「本当にベンに感謝だ。僕を誘ってくれてありがとう。いろんなことを教えてくれてありがとう」

と、何度もベンに心からお礼を言った。もちろん、ベンだけではない。僕たちが出会った人や動物たち、車に乗せてくれている田中さん、これから会う佐藤さん。本当に、すばらしい人たちと出会えた。

ベンが最初に言った言葉を思い出した。

「だいじょうぶ、私たちはこれからずーっと仲の良い友達さ。だから、君は私がわからなくなることなどないさ」

と自信ありげに言った言葉だ。僕は、ベンに、

「僕のこと、本当に忘れないでね。今度いつかまた旅につれて行ってね」

と言った。

「もちろんさ。また会えるよ。君が私を必要と思ってくれるなら、その声はきっと私の所に届くよ。そしたら、すぐに君の所に飛んで行くよ。その時は、少し遠くの世界へ冒(ぼう)険(けん)しよう」

「きっとだよ」

僕は、ベンとお別れする明日のことを考え、涙がこぼれてしまった。

僕は、車の窓を開け、すっかり暗くなってしまった空を見上げた。北の空にひときわ明るく輝(かがや)いていること座のベガが見えた。続いて右上にわし座のアルタイル。ベガの右下にはくちょう座のデネブが見える。そう、日本で夏の大三角形と呼ばれる星々が、はっきりと輝(かがや)いて、僕たちを明るく照らし出してくれていた。

さあ、目的地トメアスはもうすぐだ。

あとがき

一年前に温暖化の本を出版した折、次回作も同じテーマで書きたいと思っていました。なぜなら、気候変動など温暖化によると思われる影響は、世界各地で、日本も例外なく、次々とその被害を受けている現状に、地球の温暖化が近未来ではなく現実のものとして迫っているのを感じたからです。

そして、それらの情報をたくさん目にし、耳にすることで、その思いはより強くなっていきました。なかでも、アメリカの温暖化をテーマにしたドキュメンタリーシリーズ、『危険な時代に生きる』をテレビで見た時は、衝撃でした。それは、さし迫った現状を新たに突きつけられた感じでした。このことは、私に、大変でも書いていきたいという思いを再び強くさせることとなりました。

最初に頭に浮かんだのが、アマゾンの熱帯雨林破壊と、永久凍土が溶け出していることでした。どちらも、CO_2の巨大な貯蔵庫が機能しなくなる恐れがあります。そして、アマゾンについて、いろいろ調べました。

そして、アマゾンは、以下のような負の要因をかかえていることを知りました。

・熱帯雨林の破壊　・森林火災
・焼き畑　・砂漠のような赤土
・動植物の種の絶滅の恐れ
・CO_2排出　・世界の温暖化加速
・世界の気候変動への影響
・資源開発　・大規模農園開発
・先住民族の生活、生存への恐れ

これらは、すべてつながっているような気がします。もし過剰な森林破壊がなければ、温暖化への加速も抑えられ、多種多様な動植物の宝庫は保たれ、生物多様性に通じます。森を熟知している民、先住民との共存共栄は森を守ることにつながり、また彼らが何世紀にもわたって代々受け継いでいる薬草の知識を、私たちが謙虚に教えを乞うことで、現代の病にも生かされ、人々を助ける道へつながります。お互いの不足を補える関係。これらもいつか夢でない時がくるのでは、そんな思いも文中に込めました。

多くの動植物は、すべてお互いにつながり合い生きています。そして、それぞれが多くの恵みを与えていると言われています。種の絶滅は、そのつながりを断ち切ってしまうことになります。このことも温暖化の問題同様、忘れてはいけないし、考えて行きたいことなので、できるだけ多くの動植物を作品の中に登場させました。

この地球に生きる、たくさんの仲間たちのこと。この本を読んでそんな思いを感じていただければ、うれしいです。

開発と、自然保存については、難しい問題でバランスも重要です。当事国だけでなく、世界のみんなが、自分のこととして考えて行く必要があるのでは、と思いました。

アマゾンは、世界の人々にとっても大事な所です。大事な熱帯雨林なのです。

この本が、アマゾンの熱帯雨林に、より興味を持っていただける機会の一冊となれたなら幸いに思います。

豊かな水と自然にあふれ、多くの生命をはぐくむ唯一の惑星、地球。私たちのかけがえのない地球。この地球を守るため、ウィルとベンの旅は、これからもはてしなく続くのです。

最後に、この本の刊行にあたって、ご尽力いただだいた文芸社の皆様に心からのお礼を申し上げたいと思います。

平成二十八年六月　未来　恵

〔参考文献〕
・アマゾン自然探検記　マーガレット・ミー（八坂書房）
・ジャングルへ行く！―医者も結婚もやめて　林美恵子（スターツ出版）
・ジャングルで乾杯！―医者も結婚も辞めてアマゾンで暮らす　林美恵子（スターツ出版）
・地球46億年の秘密がわかる本　地球科学研究倶楽部（学研パブリッシング）
・地球温暖化図鑑　布村明彦／松尾一郎／垣内ユカ里（文渓堂）
・地球異変　アマゾンで（朝日新聞）
・世界大百科事典（平凡社）

〔参考番組〕
・体感グレートネイチャー　南米アマゾン一〇〇〇キロ（NHK）
・Nスペ　神秘の球体　マリモ～北海道阿寒湖（NHK）
・アマゾンを救う森づくり（NHK）
・シリーズ　危険な時代に生きる（NHK）

著者プロフィール

未来 恵（みき めぐみ）

神奈川県横浜市在住。
ハーブ＆アロマコーディネーター
英国L.C.I.C.I.認定セラピスト（ヘッドマッサージ）
ICA認定インストラクター（クレイセラピー）
大手製造会社に長年勤務後、在職中に得た資格を生かしたく退社。
現在、園芸、フラワーアレンジメント他、植物との生活を楽しむ傍ら、ハーブ＆アロマコーディネーター、クレイセラピストとして、オリジナルのカリキュラムで植物やクレイの自然のパワーを取り入れた、より豊かなライフスタイルを提案している。目下の目標は、より多くの方にいやしを体感してもらい、元気になってもらうこと。
趣味は音楽、絵画鑑賞、ヨガ、バレエワークアウト、水泳他のエクササイズ、テレビでのスポーツ観戦、サスペンスを見ること。
著書に『ありがとう、愛を』（2003年）、『ケンタ君の夢』（2008年）、『地球が大変だ！　ぼくと風さんの〝温暖化〟を学ぶ旅』（2014年、いずれも文芸社刊）がある。

僕とベンとゆかいな仲間たち　アマゾン森林破壊と温暖化を学ぶ旅

2016年6月15日　初版第1刷発行

著　者　未来 恵
発行者　瓜谷 綱延
発行所　株式会社文芸社
〒160-0022　東京都新宿区新宿1－10－1
電話　03-5369-3060（代表）
03-5369-2299（販売）

印刷所　株式会社フクイン

ISBN978-4-286-17249-1